Réussir au COLLÈGE

Spécial entraînement

4e

Maths

Josyane CUREL
Paul FAUVERGUE
André SARNETTE
Enseignants

hachette
ÉDUCATION

Sommaire

PAPIER À BASE DE FIBRES CERTIFIÉES

hachette s'engage pour l'environnement en réduisant l'empreinte carbone de ses livres. Celle de cet exemplaire est de : 700 g éq. CO_2 Rendez-vous sur www.hachette-durable.fr

I.S.B.N. 978-2-01-708116-6

www.hachette-education.com

Conception graphique
Couverture : Stéphanie Benoit
Intérieur : Mélissa Chalot
Mise en page : Soft Office
Illustrations
Intérieur : Philippe de la Fuente

Partie 2 – Gestion de données – Fonctions

Partie 3 – Espace et Géométrie

Partie 4 – Grandeurs et mesures

Mode d'emploi

Cet ouvrage a été conçu pour t'accompagner tout au long de l'année et t'aider à maîtriser tous les points du programme.

Les tests de connaissances

Au début de chaque partie, des tests préliminaires te permettent de savoir où tu en es de tes connaissances.

Teste tes connaissances

Coche, pour chaque exercice, la (ou les) bonne(s) réponse(s).
Reporte-toi ensuite aux corrigés p. 12.

Leçon 1 — page 13

1 Le produit $2^3 \times 3^2 \times 5^2$ est égal à:
- a. 360 ☐
- b. 900 ☐
- c. 1 800 ☐

2 La décomposition en produit de facteurs premiers de 240 est:
- a. 24×10 ☐
- b. $2^4 \times 3 \times 5$ ☐
- c. $2 \times 3 \times 5 \times 8$ ☐

Leçon 2 — page 19

3 Soit $S = (-2) + (+5) + (+4) + (-3)$; on a:
- a. $S = 2$. ☐
- b. $S = -14$. ☐
- c. $S = 4$. ☐

4 Soit l'égalité $R = -7 - 2$; on a:
- a. $R = 9$. ☐
- b. $R = -9$. ☐
- c. $R = -5$. ☐

Leçon 3 — page 25

5 Le produit $-2,5 \times (-9)$ est égal à:
- a. $S = -11,5$. ☐
- b. $S = -22,5$. ☐
- c. $S = +22,5$. ☐

6 $12 - 2 \times (-4,5) - 2 + 8 \times 4$ est égal à:
- a. $-44,5$. ☐
- b. -9. ☐
- c. 51. ☐

Leçon 4 — page 31

7 Le quotient $\frac{2,1}{-28}$ est égal à:
- a. $-21/280$. ☐
- b. $-3/40$. ☐
- c. $-0,075$. ☐

8 La solution de l'équation $3,2x = 2,8$ est:
- a. 2,8/3,2. ☐
- b. 7/8. ☐
- c. $-0,875$. ☐

Leçon 5 — page 37

9 Le produit $\frac{-5}{9} \times \frac{7}{15}$ est égal à:
- a. 7/27. ☐
- b. $-7/27$. ☐
- c. $-35/135$. ☐

10 La solution de l'équation $\frac{-7}{27}x = \frac{7}{18}$ est:
- a. $-3/2$. ☐
- b. $-1,5$. ☐
- c. $-2/3$. ☐

Leçon 6 — page 43

11 La différence $\frac{-7}{18} - \frac{5}{12}$ est égale à:
- a. $-12/6$. ☐
- b. $-12/30$. ☐
- c. $-29/36$. ☐

12 La solution de l'équation $x + 3 = \frac{-8}{7}$ est:
- a. $-11/7$. ☐
- b. 29/7. ☐
- c. $-29/7$. ☐

10

Leçon 7 — page 49

13 Lorsqu'on range par ordre décroissant les nombres $-2,3$; 2,3; $-1,9$; 1,9 et 0, on a:
- a. $-2,3 < -1,9 < 0 < 1,9 < 2,3$. ☐
- b. $2,3 > 1,9 > 0 > -2,3 > -1,9$. ☐
- c. $2,3 > 1,9 > 0 > -1,9 > -2,3$. ☐

14 Lorsqu'on compare $\frac{-4}{7}$ et $\frac{-9}{14}$, on a:
- a. $\frac{-4}{7} < \frac{-9}{14}$. ☐
- b. $\frac{-4}{7} = \frac{-9}{14}$. ☐
- c. $\frac{-4}{7} > \frac{-9}{14}$. ☐

Leçon 8 — page 55

15 Le nombre $(10^3 \times 10^4)^2$ est égal à:
- a. 10^{14}. ☐
- b. 10^9. ☐
- c. 10^{24}. ☐

16 Le nombre $8,4 \times 10^{-3}$ est égal à:
- a. -8400. ☐
- b. $-0,0084$. ☐
- c. 0,0084. ☐

Leçon 9 — page 61

17 Lorsqu'on remplace la variable x par 10, la valeur numérique de l'expression littérale $-3x^2 + 3x - 6$ est:
- a. -276. ☐
- b. 924. ☐
- c. -6. ☐

18 L'expression $(2x^3 + 5) - (4x^2 + 5x)$, écrite sans parenthèses, devient:
- a. $2x^3 + 5 - 4x^2 + 5x$. ☐
- b. $2x^3 + 5 + 4x^2 - 5x$. ☐
- c. $2x^3 + 5 - 4x^2 - 5x$. ☐

Leçon 10 — page 67

19 Après réduction, l'expression littérale $6x^2 - 5x - 4x^2 - 7x$ peut s'écrire:
- a. $10x^2 - 2x$. ☐
- b. $-2x^2 + 12x$. ☐
- c. $2x^2 - 12x$. ☐

20 Sachant que le nombre a est tel que $a < 5$, on peut affirmer que:
- a. le nombre $a - 5$ est négatif. ☐
- b. le nombre $a - 5$ est positif. ☐
- c. le nombre $a - 5$ est nul. ☐

Leçon 11 — page 73

21 Après avoir développé, réduit et ordonné suivant les puissances croissantes de x, le produit $(2x - 5)(5x - 2)$ s'écrit:
- a. $10 - 29x + 10x^2$. ☐
- b. $10x^2 - 29x + 10$. ☐
- c. $10 + 29x + 10x^2$. ☐

22 L'expression $-6x^2 + 31x - 35$ a été obtenue en développant un produit. Ce produit est:
- a. $(-3x + 5)(2x - 7)$. ☐
- b. $(-2x + 5)(3x - 7)$. ☐
- c. $(3x + 5)(-2x - 7)$. ☐

11

Corrigés

16. b – 17. a – 18.

: c – 6. a et b – 7. b

Tu vérifies tes réponses dans les corrigés. Tu peux ainsi travailler en priorité les leçon où tu as fait le plus d'erreurs.

Les leçons

Lis attentivement le cours et retiens particulièrement les phrases surlignées en jaune.

Les mots suivis d'un * sont expliqués dans le lexique en fin d'ouvrage.

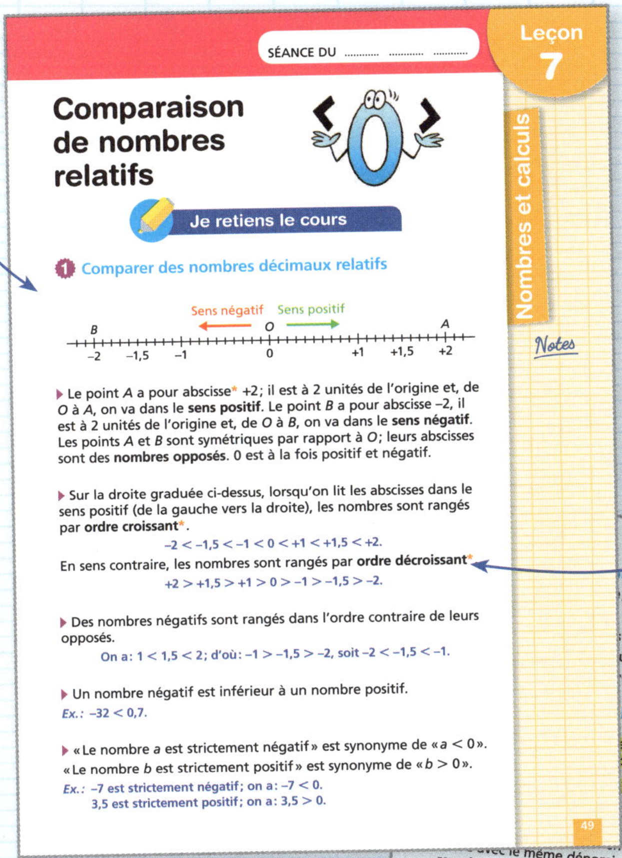
SÉANCE DU ....

Leçon 7

Nombres et calculs

Comparaison de nombres relatifs

Je retiens le cours

1 Comparer des nombres décimaux relatifs

▸ Le point *A* a pour abscisse* +2 ; il est à 2 unités de l'origine et, de *O* à *A*, on va dans le **sens positif**. Le point *B* a pour abscisse –2, il est à 2 unités de l'origine et, de *O* à *B*, on va dans le **sens négatif**. Les points *A* et *B* sont symétriques par rapport à *O* ; leurs abscisses sont des **nombres opposés**. 0 est à la fois positif et négatif.

▸ Sur la droite graduée ci-dessus, lorsqu'on lit les abscisses dans le sens positif (de la gauche vers la droite), les nombres sont rangés par **ordre croissant***.

$-2 < -1{,}5 < -1 < 0 < +1 < +1{,}5 < +2.$

En sens contraire, les nombres sont rangés par **ordre décroissant***.

$+2 > +1{,}5 > +1 > 0 > -1 > -1{,}5 > -2.$

▸ Des nombres négatifs sont rangés dans l'ordre contraire de leurs opposés.

On a : $1 < 1{,}5 < 2$; d'où : $-1 > -1{,}5 > -2$, soit $-2 < -1{,}5 < -1$.

▸ Un nombre négatif est inférieur à un nombre positif.

Ex. : $-32 < 0{,}7$.

▸ « Le nombre *a* est strictement négatif » est synonyme de « $a < 0$ ».
« Le nombre *b* est strictement positif » est synonyme de « $b > 0$ ».

Ex. : –7 est strictement négatif ; on a : $-7 < 0$.
3,5 est strictement positif ; on a : $3{,}5 > 0$.

Notes

49

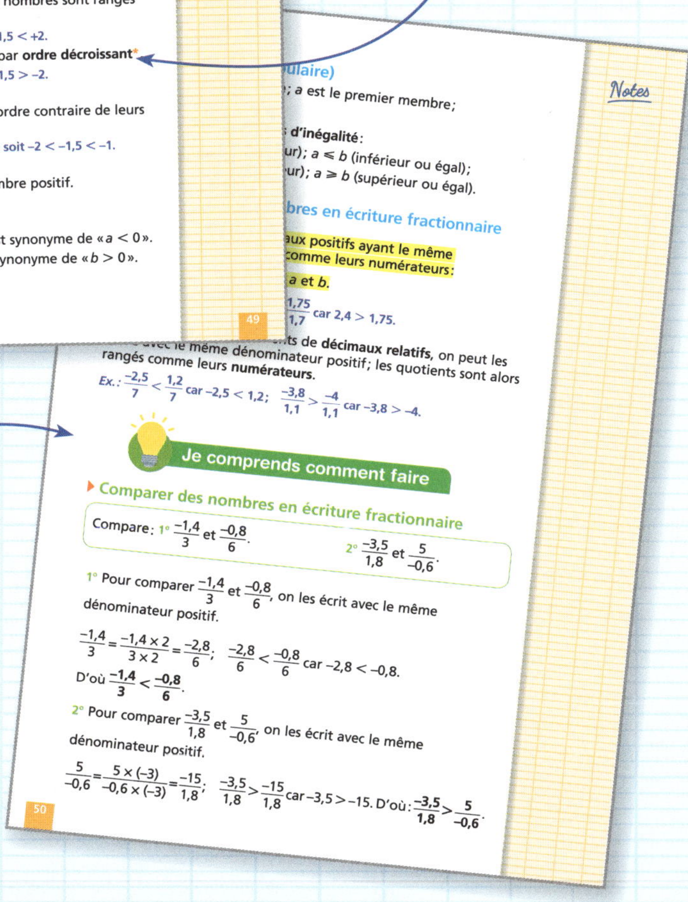
...ulaire)
...; *a* est le premier membre ;
... **d'inégalité** :
...ur) ; $a \leqslant b$ (inférieur ou égal) ;
...ur) ; $a \geqslant b$ (supérieur ou égal).

...bres en écriture fractionnaire

...aux positifs ayant le même ... comme leurs numérateurs :
... *a* et *b*.

...$\frac{...}{1{,}7}$ ... $\frac{1{,}75}{1{,}7}$ car $2{,}4 > 1{,}75$.

...ts de **décimaux relatifs**, on peut les ... avec le même dénominateur positif ; les quotients sont alors rangés comme leurs **numérateurs**.

Ex. : $\frac{-2{,}5}{7} < \frac{1{,}2}{7}$ car $-2{,}5 < 1{,}2$; $\frac{-3{,}8}{1{,}1} > \frac{-4}{1{,}1}$ car $-3{,}8 > -4$.

Je comprends comment faire

▸ Comparer des nombres en écriture fractionnaire

Compare : 1° $\frac{-1{,}4}{3}$ et $\frac{-0{,}8}{6}$. 2° $\frac{-3{,}5}{1{,}8}$ et $\frac{5}{-0{,}6}$.

1° Pour comparer $\frac{-1{,}4}{3}$ et $\frac{-0{,}8}{6}$, on les écrit avec le même dénominateur positif.

$\frac{-1{,}4}{3} = \frac{-1{,}4 \times 2}{3 \times 2} = \frac{-2{,}8}{6}$; $\frac{-2{,}8}{6} < \frac{-0{,}8}{6}$ car $-2{,}8 < -0{,}8$.

D'où $\frac{-1{,}4}{3} < \frac{-0{,}8}{6}$.

2° Pour comparer $\frac{-3{,}5}{1{,}8}$ et $\frac{5}{-0{,}6}$, on les écrit avec le même dénominateur positif.

$\frac{5}{-0{,}6} = \frac{5 \times (-3)}{-0{,}6 \times (-3)} = \frac{-15}{1{,}8}$; $\frac{-3{,}5}{1{,}8} > \frac{-15}{1{,}8}$ car $-3{,}5 > -15$. D'où : $\frac{-3{,}5}{1{,}8} > \frac{5}{-0{,}6}$.

Notes

50

Étudie les méthodes expliquées dans la rubrique « Je comprends comment faire ». Elles te seront utiles pour réussir tes exercices.

Les exercices et les corrigés

Entraîne-toi en faisant les exercices de la leçon. Pratique : tu as toute la place nécessaire pour écrire directement sur le livre !

Utilise la marge comme brouillon !

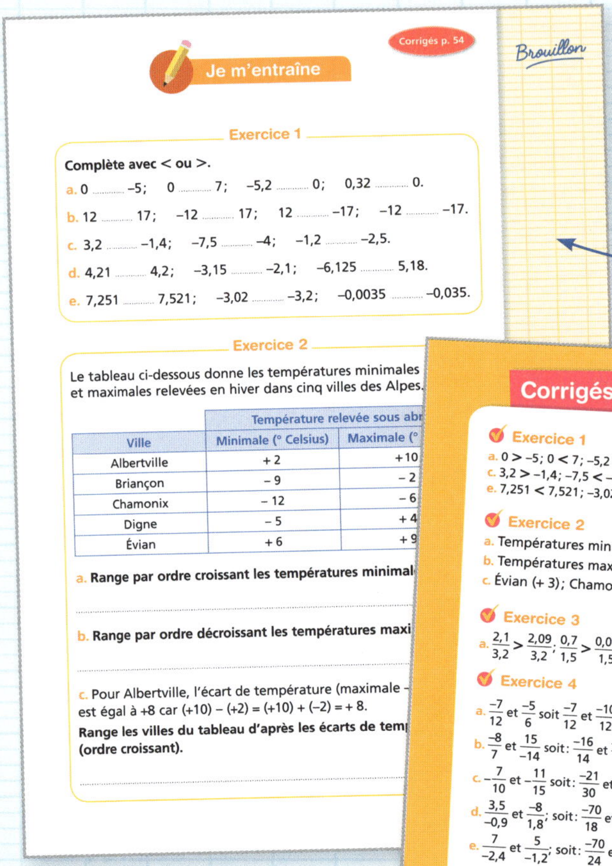
Corrigés p. 54

Brouillon

Je m'entraîne

Exercice 1

Complète avec $<$ ou $>$.

a. 0 .... –5 ; 0 .... 7 ; –5,2 .... 0 ; 0,32 .... 0.

b. 12 .... 17 ; –12 .... 17 ; 12 .... –17 ; –12 .... –17.

c. 3,2 .... –1,4 ; –7,5 .... –4 ; –1,2 .... –2,5.

d. 4,21 .... 4,2 ; –3,15 .... –2,1 ; –6,125 .... 5,18.

e. 7,251 .... 7,521 ; –3,02 .... –3,2 ; –0,0035 .... –0,035.

Exercice 2

Le tableau ci-dessous donne les températures minimales et maximales relevées en hiver dans cinq villes des Alpes.

	Température relevée sous abr	
Ville	Minimale (° Celsius)	Maximale (°
Albertville	+ 2	+ 10
Briançon	– 9	– 2
Chamonix	– 12	– 6
Digne	– 5	+ 4
Évian	+ 6	+ 9

a. **Range par ordre croissant les températures minimal**

....

b. **Range par ordre décroissant les températures maxi**

....

c. Pour Albertville, l'écart de température (maximale – est égal à +8 car (+10) – (+2) = (+10) + (–2) = + 8.
Range les villes du tableau d'après les écarts de tem (ordre croissant).

....

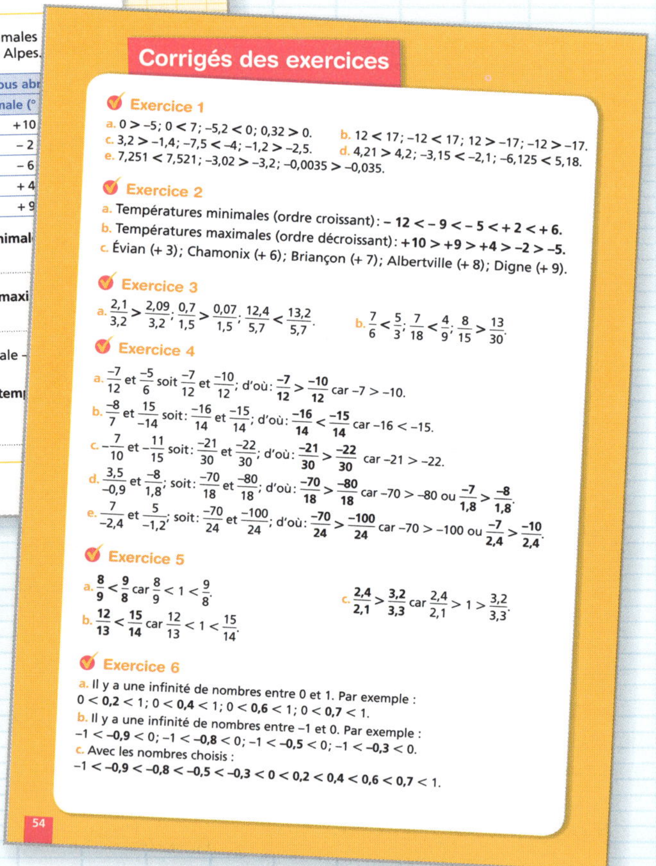
Corrigés des exercices

Exercice 1

a. 0 > –5 ; 0 < 7 ; –5,2 < 0 ; 0,32 > 0.
b. 12 < 17 ; –12 < 17 ; 12 > –17 ; –12 > –17.
c. 3,2 > –1,4 ; –7,5 < –4 ; –1,2 > –2,5.
d. 4,21 > 4,2 ; –3,15 < –2,1 ; –6,125 < 5,18.
e. 7,251 < 7,521 ; –3,02 > –3,2 ; –0,0035 > –0,035.

Exercice 2

a. Températures minimales (ordre croissant) : **– 12 < – 9 < – 5 < + 2 < + 6.**
b. Températures maximales (ordre décroissant) : **+ 10 > + 9 > + 4 > –2 > –5.**
c. Évian (+ 3) ; Chamonix (+ 6) ; Briançon (+ 7) ; Albertville (+ 8) ; Digne (+ 9).

Exercice 3

a. $\frac{2,1}{3,2} > \frac{2,09}{3,2}$; $\frac{0,7}{1,5} > \frac{0,07}{1,5}$; $\frac{12,4}{5,7} < \frac{13,2}{5,7}$.

b. $\frac{7}{6} < \frac{5}{3}$; $\frac{7}{18} < \frac{4}{9}$; $\frac{8}{15} > \frac{13}{30}$.

Exercice 4

a. $\frac{-7}{12}$ et $\frac{-5}{6}$ soit $\frac{-7}{12}$ et $\frac{-10}{12}$; d'où : $\frac{-7}{12} > \frac{-10}{12}$ car $-7 > -10$.

b. $\frac{-8}{7}$ et $\frac{15}{-14}$ soit : $\frac{-16}{14}$ et $\frac{-15}{14}$; d'où : $\frac{-16}{14} < \frac{-15}{14}$ car $-16 < -15$.

c. $-\frac{7}{10}$ et $-\frac{11}{15}$ soit : $\frac{-21}{30}$ et $\frac{-22}{30}$; d'où : $\frac{-21}{30} > \frac{-22}{30}$ car $-21 > -22$.

d. $\frac{3,5}{-0,9}$ et $\frac{-8}{1,8}$; soit : $\frac{-70}{18}$ et $\frac{-80}{18}$; d'où : $\frac{-70}{18} > \frac{-80}{18}$ car $-70 > -80$ ou $\frac{-7}{1,8} > \frac{-8}{1,8}$.

e. $\frac{7}{-2,4}$ et $\frac{5}{-1,2}$; soit : $\frac{-70}{24}$ et $\frac{-100}{24}$; d'où : $\frac{-70}{24} > \frac{-100}{24}$ car $-70 > -100$ ou $\frac{-7}{2,4} > \frac{-10}{2,4}$.

Exercice 5

a. $\frac{8}{9} < \frac{9}{8}$ car $\frac{8}{9} < 1 < \frac{9}{8}$.

b. $\frac{12}{13} < \frac{15}{14}$ car $\frac{12}{13} < 1 < \frac{15}{14}$.

c. $\frac{2,4}{2,1} > \frac{3,2}{3,3}$ car $\frac{2,4}{2,1} > 1 > \frac{3,2}{3,3}$.

Exercice 6

a. Il y a une infinité de nombres entre 0 et 1. Par exemple :
0 < **0,2** < 1 ; 0 < **0,4** < 1 ; 0 < **0,6** < 1 ; 0 < **0,7** < 1.
b. Il y a une infinité de nombres entre –1 et 0. Par exemple :
–1 < **–0,9** < 0 ; –1 < **–0,8** < 0 ; –1 < **–0,5** < 0 ; –1 < **–0,3** < 0.
c. Avec les nombres choisis :
–1 < **–0,9 < –0,8 < –0,5 < –0,3 < 0 < 0,2 < 0,4 < 0,6 < 0,7** < 1.

54

Vérifie tes réponses en consultant les corrigés qui se trouvent à la fin de chaque leçon.

Le lexique

Le lexique en fin d'ouvrage (pages 189 à 192) te permet de retrouver toutes les définitions des mots qui sont suivis d'un * dans les leçons.

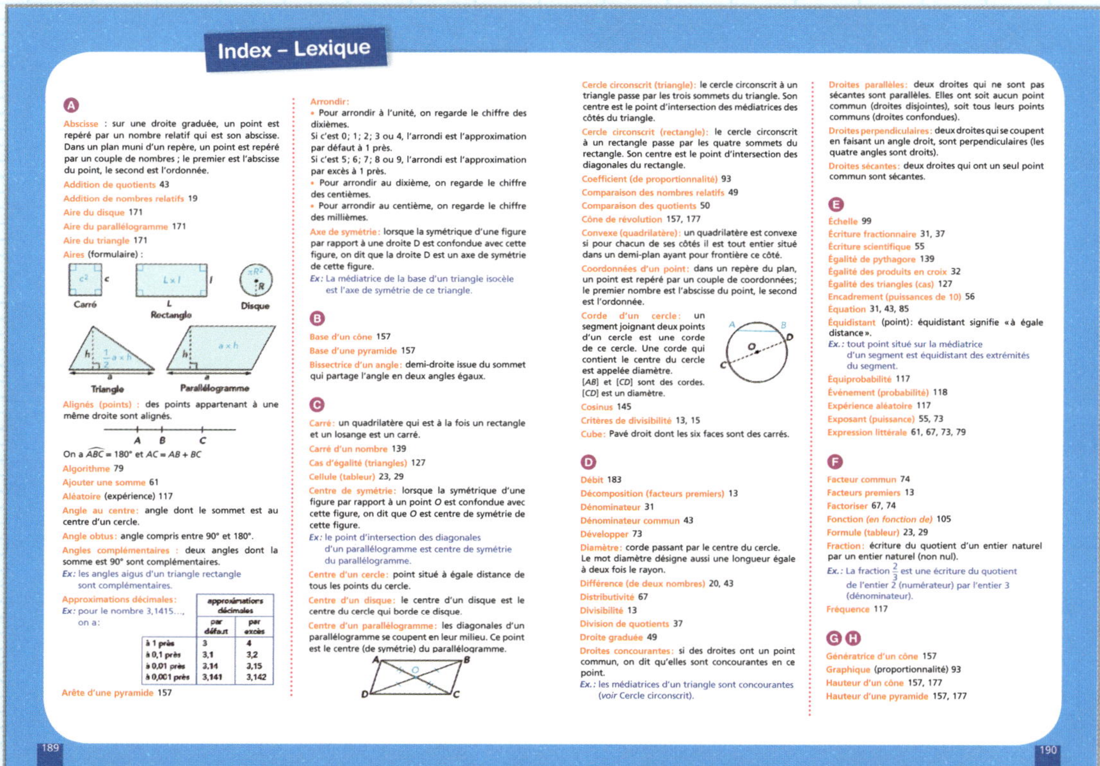

Index – Lexique

A

Abscisse : sur une droite graduée, un point est repéré par un nombre relatif qui est son abscisse. Dans un plan muni d'un repère, un point est repéré par un couple de nombres ; le premier est l'abscisse du point, le second est l'ordonnée.

Addition de quotients 43

Addition de nombres relatifs 19

Aire du disque 171

Aire du parallélogramme 171

Aire du triangle 171

Aires (formulaire) :

Alignés (points) : des points appartenant à une même droite sont alignés.

On a $\widehat{ABC} = 180°$ et $AC = AB + BC$

Algorithme 79

Ajouter une somme 61

Aléatoire (expérience) 117

Angle au centre: angle dont le sommet est au centre d'un cercle.

Angle obtus: angle compris entre 90° et 180°.

Angles complémentaires : deux angles dont la somme est 90° sont complémentaires.

Ex: les angles aigus d'un triangle rectangle sont complémentaires.

Approximations décimales:

Ex: pour le nombre 3,1415…, on a:

	approximations décimales	
	par défaut	par excès
à 1 près	3	4
à 0,1 près	3,1	3,2
à 0,01 près	3,14	3,15
à 0,001 près	3,141	3,142

Arête d'une pyramide 157

Arrondir:

- Pour arrondir à l'unité, on regarde le chiffre des dixièmes.
Si c'est 0; 1; 2; 3 ou 4, l'arrondi est l'approximation par défaut à 1 près.
Si c'est 5; 6; 7; 8 ou 9, l'arrondi est l'approximation par excès à 1 près.
- Pour arrondir au dixième, on regarde le chiffre des centièmes.
- Pour arrondir au centième, on regarde le chiffre des millièmes.

Axe de symétrie: lorsque la symétrique d'une figure par rapport à une droite D est confondue avec cette figure, on dit que la droite D est un axe de symétrie de cette figure.

Ex: La médiatrice de la base d'un triangle isocèle est l'axe de symétrie de ce triangle.

B

Base d'un cône 157

Base d'une pyramide 157

Bissectrice d'un angle: demi-droite issue du sommet qui partage l'angle en deux angles égaux.

C

Carré: un quadrilatère qui est à la fois un rectangle et un losange est un carré.

Carré d'un nombre 139

Cas d'égalité (triangles) 127

Cellule (tableur) 23, 29

Centre de symétrie: lorsque la symétrique d'une figure par rapport à un point O est confondue avec cette figure, on dit que O est centre de symétrie de cette figure.

Ex: le point d'intersection des diagonales d'un parallélogramme est centre de symétrie du parallélogramme.

Centre d'un cercle: point situé à égale distance de tous les points du cercle.

Centre d'un disque: le centre d'un disque est le centre du cercle qui borde ce disque.

Centre d'un parallélogramme: les diagonales d'un parallélogramme se coupent en leur milieu. Ce point est le centre (de symétrie) du parallélogramme.

Cercle circonscrit (triangle): le cercle circonscrit à un triangle passe par les trois sommets du triangle. Son centre est le point d'intersection des médiatrices des côtés du triangle.

Cercle circonscrit (rectangle): le cercle circonscrit à un rectangle passe par les quatre sommets du rectangle. Son centre est le point d'intersection des diagonales du rectangle.

Coefficient (de proportionnalité) 93

Comparaison des nombres relatifs 49

Comparaison des quotients 50

Cône de révolution 157, 177

Convexe (quadrilatère): un quadrilatère est convexe si pour chacun de ses côtés il est tout entier situé dans un demi-plan ayant pour frontière ce côté.

Coordonnées d'un point: dans un repère du plan, un point est repéré par un couple de coordonnées; le premier nombre est l'abscisse du point, le second est l'ordonnée.

Corde d'un cercle: un segment joignant deux points d'un cercle est une corde de ce cercle. Une corde qui contient le centre du cercle est appelée diamètre.
$[AB]$ et $[CD]$ sont des cordes.
$[CD]$ est un diamètre.

Cosinus 145

Critères de divisibilité 13, 15

Cube: Pavé droit dont les six faces sont des carrés.

D

Débit 183

Décomposition (facteurs premiers) 13

Dénominateur 31

Dénominateur commun 43

Développer 73

Diamètre: corde passant par le centre du cercle. Le mot diamètre désigne aussi une longueur égale à deux fois le rayon.

Différence (de deux nombres) 20, 43

Distributivité 67

Divisibilité 13

Division de quotients 37

Droite graduée 49

Droites concourantes: si des droites ont un point commun, on dit qu'elles sont concourantes en ce point.

Ex.: les médiatrices d'un triangle sont concourantes (*voir* Cercle circonscrit).

Droites parallèles: deux droites qui ne sont pas sécantes sont parallèles. Elles ont soit aucun point commun (droites disjointes), soit tous leurs points communs (droites confondues).

Droites perpendiculaires: deux droites qui se coupent en faisant un angle droit, sont perpendiculaires (les quatre angles sont droits).

Droites sécantes: deux droites qui ont un seul point commun sont sécantes.

E

Échelle 99

Écriture fractionnaire 31, 37

Écriture scientifique 55

Égalité de pythagore 139

Égalité des produits en croix 32

Égalité des triangles (cas) 127

Encadrement (puissances de 10) 56

Équation 31, 43, 85

Équidistant (point): équidistant signifie « à égale distance ».

Ex.: tout point situé sur la médiatrice d'un segment est équidistant des extrémités du segment.

Équiprobabilité 117

Événement (probabilité) 118

Expérience aléatoire 117

Exposant (puissance) 55, 73

Expression littérale 61, 67, 73, 79

F

Facteur commun 74

Facteurs premiers 13

Factoriser 67, 74

Fonction (*en fonction de*) 105

Formule (tableur) 23, 29

Fraction: écriture du quotient d'un entier naturel par un entier naturel (non nul).

Ex.: La fraction $\frac{2}{3}$ est une écriture du quotient de l'entier 2 (numérateur) par l'entier 3 (dénominateur).

Fréquence 117

G H

Génératrice d'un cône 157

Graphique (proportionnalité) 93

Hauteur d'un cône 157, 177

Hauteur d'une pyramide 157, 177

189 190

« Le programme du cycle 4 permet d'initier les élèves au raisonnement [...] la démonstration, forme d'argumentation propre aux mathématiques, vient compléter celles développées dans d'autres disciplines et contribue fortement à la formation de la personne et du citoyen ... il est important que le cours de mathématiques ne se limite pas à l'application de recettes et de règles... les enseignants ont la liberté de choisir ceux des résultats qu'ils souhaitent démontrer ou faire démontrer ... »

Il n'entre pas dans les objectifs de ce type de manuel de proposer des démonstrations pour les règles et les théorèmes qui y sont rappelés. Toutefois, un grand soin a été apporté aux raisonnements et aux preuves dans les corrigés des exercices.

Partie 1

Nombres et calculs

Teste tes connaissances

Coche, pour chaque exercice, la (ou les) bonne(s) réponse(s).
Reporte-toi ensuite aux corrigés p. 12.

Leçon 1 page 13

1 Le produit $2^3 \times 3^2 \times 5^2$ est égal à :

a. 360 ☐
b. 900 ☐
c. 1 800 ☐

2 La décomposition en produit de facteurs premiers de 240 est :

a. 24×10 ☐
b. $2^4 \times 3 \times 5$ ☐
c. $2 \times 3 \times 5 \times 8$ ☐

Leçon 2 page 19

3 Soit $S = (-2) + (+5) + (+4) + (-3)$; on a :

a. $S = 2$. ☐
b. $S = -14$. ☐
c. $S = 4$. ☐

4 Soit l'égalité $R = -7 - 2$; on a :

a. $R = 9$. ☐
b. $R = -9$. ☐
c. $R = -5$. ☐

Leçon 3 page 25

5 Le produit $-2,5 \times (-9)$ est égal à :

a. $S = -11,5$. ☐
b. $S = -22,5$. ☐
c. $S = +22,5$. ☐

6 $12 - 2 \times (-4,5) - 2 + 8 \times 4$ est égal à :

a. $-44,5$. ☐
b. -9. ☐
c. 51. ☐

Leçon 4 page 31

7 Le quotient $\frac{2,1}{-28}$ est égal à :

a. $-21/280$. ☐
b. $-3/40$. ☐
c. $-0,075$. ☐

8 La solution de l'équation $3,2x = 2,8$ est :

a. $2,8/3,2$. ☐
b. $7/8$. ☐
c. $-0,875$. ☐

Leçon 5 page 37

9 Le produit $\frac{-5}{9} \times \frac{7}{15}$ est égal à :

a. $7/27$. ☐
b. $-7/27$. ☐
c. $-35/135$. ☐

10 La solution de l'équation $\frac{-7}{27}x = \frac{7}{18}$ est :

a. $-3/2$. ☐
b. $-1,5$. ☐
c. $-2/3$. ☐

Leçon 6 page 43

11 La différence $\frac{-7}{18} - \frac{5}{12}$ est égale à :

a. $-12/6$. ☐
b. $-12/30$. ☐
c. $-29/36$. ☐

12 La solution de l'équation $x + 3 = \frac{-8}{7}$ est :

a. $-11/7$. ☐
b. $29/7$. ☐
c. $-29/7$. ☐

Leçon 7 page 49

13 Lorsqu'on range par ordre décroissant les nombres –2,3 ; 2,3 ; –1,9 ; 1,9 et 0, on a :

a. $-2,3 < -1,9 < 0 < 1,9 < 2,3$. ☐
b. $2,3 > 1,9 > 0 > -2,3 > -1,9$. ☐
c. $2,3 > 1,9 > 0 > -1,9 > -2,3$. ☐

14 Lorsqu'on compare $\frac{-4}{7}$ et $\frac{-9}{14}$, on a :

a. $\frac{-4}{7} < \frac{-9}{14}$. ☐
b. $\frac{-4}{7} = \frac{-9}{14}$. ☐
c. $\frac{-4}{7} > \frac{-9}{14}$. ☐

Leçon 8 page 55

15 Le nombre $(10^3 \times 10^4)^2$ est égal à :

a. 10^{14}. ☐
b. 10^9. ☐
c. 10^{24}. ☐

16 Le nombre $8,4 \times 10^{-3}$ est égal à :

a. –8 400. ☐
b. –0,008 4. ☐
c. 0,008 4. ☐

Leçon 9 page 61

17 Lorsqu'on remplace la variable x par 10, la valeur numérique de l'expression littérale $-3x^2 + 3x - 6$ est :

a. –276. ☐
b. 924. ☐
c. –6. ☐

18 L'expression $(2x^3 + 5) - (4x^2 + 5x)$, écrite sans parenthèses, devient :

a. $2x^3 + 5 - 4x^2 + 5x$. ☐
b. $2x^3 + 5 + 4x^2 - 5x$. ☐
c. $2x^3 + 5 - 4x^2 - 5x$. ☐

Leçon 10 page 67

19 Après réduction, l'expression littérale $6x^2 - 5x - 4x^2 - 7x$ peut s'écrire :

a. $10x^2 - 2x$. ☐
b. $-2x^2 + 12x$. ☐
c. $2x^2 - 12x$. ☐

20 Sachant que le nombre *a* est tel que *a* < 5, on peut affirmer que :

a. le nombre $a - 5$ est négatif. ☐
b. le nombre $a - 5$ est positif. ☐
c. le nombre $a - 5$ est nul. ☐

Leçon 11 page 73

21 Après avoir développé, réduit et ordonné suivant les puissances croissantes de x, le produit $(2x - 5)(5x - 2)$ s'écrit :

a. $10 - 29x + 10x^2$. ☐
b. $10x^2 - 29x + 10$. ☐
c. $10 + 29x + 10x^2$. ☐

22 L'expression $-6x^2 + 31x - 35$ a été obtenue en développant un produit. Ce produit est :

a. $(-3x + 5)(2x - 7)$. ☐
b. $(-2x + 5)(3x - 7)$. ☐
c. $(3x + 5)(-2x - 7)$. ☐

Leçon 12 page 79

23 **Après avoir choisi un nombre, on doit l'élever au carré, puis retrancher le double du nombre de départ. Ayant choisi le nombre 7, on trouve :**

a. 63. ☐
b. 35. ☐
c. 0. ☐

24 **Après avoir choisi un nombre, on doit calculer son double, puis retrancher le carré du nombre de départ. Ayant choisi le nombre 10, on trouve :**

a. 120. ☐
b. 0. ☐
c. –80. ☐

Leçon 13 page 85

25 **Le nombre 1 est solution de l'équation :**

a. $3x + 2 = 5$. ☐
b. $x^2 + 3x - 4 = 0$. ☐
c. $-3x + 2 = 1$. ☐

26 **Les équations $5x = 3x + 2$ et $2x + 1 = x + 2$:**

a. ont la même solution. ☐
b. ont pour solution 2. ☐
c. ont des solutions opposées. ☐

Corrigés

1. c – 2. b – 3. c – 4. b – 5. c – 6. c – 7. a, b et c – 8. a et b – 9. b et c – 10. a et b – 11. c – 12. c – 13. c – 14. c – 15. a – 16. c – 17. a – 18. c – 19. c – 20. a – 21. a – 22. a – 23. b – 24. c – 25. a et b – 26. a.

Nombres premiers

Je retiens le cours

1 Divisibilité

▶ Dire que l'entier naturel a est divisible par l'entier naturel b non nul c'est dire qu'il existe un entier naturel q tel que $a = b \times q$ (la division euclidienne de a par b donne pour quotient q et pour reste 0).

Ex. : 63 est divisible par 7 car $63 = 7 \times 9$.
On dit aussi « 63 est un multiple de 7 » et « 7 est un diviseur de 63 ».

▶ Les **critères de divisibilité** sont des règles permettant de savoir si un nombre est divisible ou non par un autre nombre (voir exercice 1).

Ex. : 477 est divisible par 3 et par 9 car $4 + 7 + 7 = 18$ et $1 + 8 = 9$.

2 Nombres premiers

▶ Un nombre entier, autre que 0 et 1, qui n'est divisible que par 1 et par lui-même, est un **nombre premier**.

2 – 3 – 5 – 7 – 11 – 13 – 17 – 19 – 23 – 29 – 31 – 37 – 41 – 43 – 47 – 53 – 59 – 61 – 67 – 71 – 73 – 79 – 83 – 89 – 97 est le début de la liste des nombres premiers.

▶ Tout nombre non premier peut s'écrire **de façon unique** comme produit de facteurs premiers.

Ex. : $4 = 2 \times 2 = 2^2$ (on lit: « 2 exposant 2 » ou « 2 au carré »); $6 = 2 \times 3$;
$8 = 2 \times 2 \times 2 = 2^3$ (on lit: « 2 exposant 3 » ou « 2 au cube »);
$9 = 3 \times 3 = 3^2$; $10 = 2 \times 5$; $12 = 2 \times 2 \times 3 = 2^2 \times 3$; $14 = 2 \times 7$;
$15 = 3 \times 5$; $16 = 2 \times 2 \times 2 \times 2 = 2^4$ (on lit: « 2 exposant 4 »);
$18 = 2 \times 3 \times 3 = 2 \times 3^2$; $20 = 2 \times 2 \times 5 = 2^2 \times 5$...

▶ 2^2, 2^3, 2^4 ... sont des **puissances de 2** (voir « *puissances* » p. 73).
Pour calculer un produit tel que $2^2 \times 2^3$ on peut remarquer que:
$(2 \times 2) \times (2 \times 2 \times 2) = 2 \times 2 \times 2 \times 2 \times 2$ (soit 5 facteurs); d'où: $2^2 \times 2^3 = 2^5$.
On peut aussi appliquer la règle $2^2 \times 2^3 = 2^{2+3}$ (on ajoute les exposants).

Notes

Notes

3 Multiples et diviseurs

▶ Un entier naturel *a* est un multiple de l'entier naturel *b* si et seulement si la décomposition en produit de facteurs premiers de *a* contient celle de *b*.

▶ Un entier naturel *b* est un diviseur de l'entier naturel *a* si et seulement si la décomposition en produit de facteurs premiers de *b* est contenue dans celle de *a*.

Ex. : **Si $a = 2^3 \times 3 \times 5^2$ et $b = 2^2 \times 5$, alors on a :**
$2^3 \times 3 \times 5^2 = (2^2 \times 5) \times (2 \times 3 \times 5)$; on a donc $a = b \times 30$.
Par suite : *a* est un multiple de *b* et *b* est un diviseur de *a*.

Je comprends comment faire

▶ Décomposer un entier naturel en produit de facteurs premiers

Décompose le nombre 126 en produit de facteurs premiers.

L'écriture sous forme de produit de facteurs premiers étant unique (à l'ordre des facteurs près), on peut procéder de diverses façons.

• 126 n'est pas premier car il est divisible par 2 (le chiffre des unités est pair).

2 est le plus petit diviseur premier de 126 ; on a : $126 = 2 \times 63$.

• 63 n'est pas premier car $6 + 3 = 9$; 3 est le plus petit diviseur premier de 63 ; on a : $63 = 3 \times 21$ et $126 = 2 \times 3 \times 21$.

• 21 n'est pas premier car $2 + 1 = 3$; 3 est le plus petit diviseur premier de 21 ; on a : $21 = 3 \times 7$ et $126 = 2 \times 3 \times 3 \times 7$.

$126 = 2 \times 3^2 \times 7$ (décomposition en produit de facteurs premiers).

Il est commode d'adopter la disposition ci-dessous :

	126	2
Quotient de 126 par 2 ⟶	63	3
Quotient de 63 par 3 ⟶	21	3
Quotient de 21 par 3 ⟶	7	7
Quotient de 7 par 7 ⟶	1	

Corrigés p. 18

Je m'entraîne

Brouillon

Exercice 1

Pour chacun des nombres de la première ligne, indique s'il est divisible 2 ou par 5 (chiffre des unités); par 3 ou par 9 (somme des chiffres).

	135	222	720	890	939
Divisible par 2	non	....	....	....	....
Divisible par 3	oui	....	....	....	....
Divisible par 5	oui	....	....	....	....
Divisible par 9	oui	....	....	....	....

Exercice 2

Un vieux grimoire affirme que « les nombres 111 ; 182 ; 741 ; 836 ; 958 et 5 217 ne sont pas premiers ». **Explique pourquoi cela est vrai.**

....

....

....

Exercice 3

Écris sous forme d'un produit de facteurs premiers :

a. 10 = ... ; 72 = ...

720 = 72 × 10 = ...

b. 100 = ... ; 48 = ...

4 800 = 48 × 100 = ...

c. 1 000 = ... ; 54 = ...

54 000 = 54 × 1 000 = ...

Exercice 4

a. Détermine la décomposition en produit de facteurs premiers :

84 = ...

126 = ...

294 = ...

b. Simplifie chacune des fractions :

$\frac{84}{126}$ = ...

$\frac{126}{294}$ = ...

$\frac{84}{294}$ = ...

Exercice 5

Soit $A = 2^3 \times 3^2 \times 5^2$; $B = 2^2 \times 3 \times 5$; $C = 2 \times 3^2 \times 5$ et $D = 2 \times 3 \times 5$

a. B est un diviseur de A. **Justifie cette affirmation.**

....

....

b. C est un diviseur de A. **Justifie cette affirmation.**

....

....

c. D est un diviseur de A, de B et de C. **Justifie cette affirmation.**

....

....

....

Brouillon

Brouillon

Exercice 6

On sait que $72 = 8 \times 9 = 2^3 \times 3^2$.

Si un nombre ***b*** est un diviseur de 72, la décomposition de ***b*** en produit de facteurs premiers ne peut contenir que le facteur premier 2 (avec un exposant inférieur ou égal à 3) et le facteur premier 3 (avec un exposant inférieur ou égal à 2).

Pour déterminer méthodiquement tous les diviseurs de 72, on peut construire un « arbre ».

a. **Termine les calculs :**

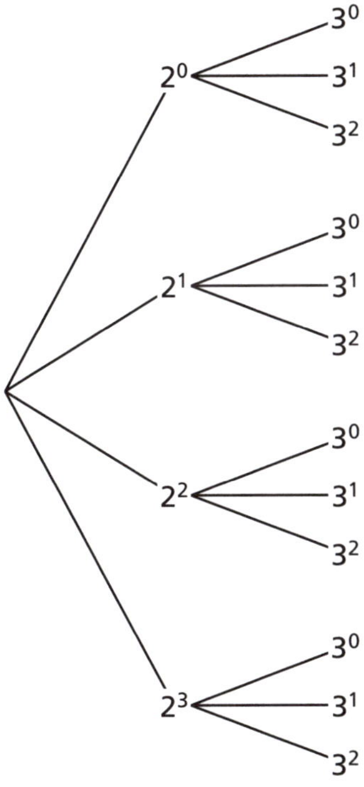

$2^0 \times 3^0 = 1 \times 1 = \mathbf{1}$

$2^0 \times 3^1 = 1 \times 3 = \mathbf{3}$

$2^0 \times 3^2 =$ ....

$2^1 \times 3^0 = 2 \times 1 = \mathbf{2}$

$2^1 \times 3^1 =$ ....

$2^1 \times 3^2 =$ ....

$2^2 \times 3^0 =$ ....

$2^2 \times 3^1 =$ ....

$2^2 \times 3^2 =$ ....

$2^3 \times 3^0 =$ ....

$2^3 \times 3^1 =$ ....

$2^3 \times 3^2 =$ ....

b. **Range les douze diviseurs de 72 par ordre croissant :**

1 – 2 – 3 ....

c. **Sachant que $108 = 2^2 \times 3^3$, explique pourquoi 108 a 12 diviseurs.**

....

....

Corrigés des exercices

Exercice 1

Par 2 (chiffre des unités) : **non – oui – oui – oui – non**.
Par 3 (somme des chiffres) : **oui – oui – oui – non – oui.**
Par 5 (chiffre des unités) : **oui – non – oui – oui – non.**
Par 9 (somme des chiffres) : **oui – non – oui – non – non.**

Exercice 2

111 ; 741 et 5217 sont divisibles par 3 ; 182, 836 et 958 sont divisibles par 2.

Exercice 3

a. $10 = \mathbf{2 \times 5}$; $72 = 8 \times 9 = \mathbf{2^3 \times 3^2}$; $720 = 72 \times 10 = \mathbf{2^4 \times 3^2 \times 5}$.
b. $100 = 10 \times 10 = \mathbf{2^2 \times} 5^2$; $48 = 16 \times 3 = \mathbf{2^4 \times 3}$; $4800 = \mathbf{2^6 \times 3 \times} 5^2$.
c. $1000 = 10 \times 10 \times 10 = \mathbf{2^3 \times 5^3}$; $54 = 2 \times 27 = \mathbf{2 \times 3^3}$; $54000 = \mathbf{2^4 \times 3^3 \times 5^3}$.

Exercice 4

a. $84 = \mathbf{2^2 \times 3 \times 7}$; $126 = \mathbf{2 \times} 3^2 \mathbf{\times 7}$; $294 = \mathbf{2 \times 3 \times 7}^2$.

b. $\frac{84}{126} = \frac{2^2 \times 3 \times 7}{2 \times 3^2 \times 7} = \mathbf{\frac{2}{3}}$ (simplification par $2 \times 3 \times 7$).

$\frac{126}{294} = \frac{2 \times 3^2 \times 7}{2 \times 3 \times 7^2} = \mathbf{\frac{3}{7}}$ (simplification par $2 \times 3 \times 7$).

$\frac{84}{294} = \frac{2^2 \times 3 \times 7}{2 \times 3 \times 7^2} = \mathbf{\frac{2}{7}}$ (simplification par $2 \times 3 \times 7$).

Exercice 5

a. $A = (2^2 \times 3 \times 5) \times (2 \times 3 \times 5)$; $A = B \times 30$; donc **B est un diviseur de A.**
b. $A = (2 \times 3^2 \times 5) \times (2^2 \times 5)$; $A = C \times 20$; donc **C est un diviseur de A.**
c. $A = (2 \times 3 \times 5) \times (2^2 \times 3 \times 5)$; $A = D \times 60$; donc D est un diviseur de A.
$B = (2 \times 3 \times 5) \times 2$; $B = D \times 2$; donc D est un diviseur de B.
$C = (2 \times 3 \times 5) \times 3$; $C = D \times 3$; donc D est un diviseur de C.
D est donc à la fois **diviseur de A, de B et de C.**

Exercice 6

a. Dans l'ordre, de haut en bas :
$1 \times 1 = 1$; $1 \times 3 = 3$; $1 \times 9 = \mathbf{9}$; $2 \times 1 = 2$; $2 \times 3 = \mathbf{6}$; $2 \times 9 = \mathbf{18}$;
$4 \times 1 = \mathbf{4}$; $4 \times 3 = \mathbf{12}$; $4 \times 9 = \mathbf{36}$; $8 \times 1 = \mathbf{8}$; $8 \times 3 = \mathbf{24}$; $8 \times 9 = \mathbf{72}$.
b. Dans l'ordre croissant :
1 – 2 – 3 – 4 – 6 – 8 – 9 – 12 – 18 – 24 – 36 – 72.
c. $108 = 2^2 \times 3^3$; dans l'arbre, il y aura 3 branches pour les puissances de 2 (2^0 ; 2^1 ; 2^2), chacune prolongée par quatre branches pour les puissances de 3 (3^0 ; 3^1 ; 3^2 ; 3^3) ; soit en tout 12 branches.
On trouverait par ordre croissant : 1 – 2 – 3 – 4 – 6 – 9 – 12 – 18 – 27 – 36 – 54 – 108.

Notes

Décimaux relatifs : addition et soustraction

Je retiens le cours

1 Somme de deux décimaux relatifs

▸ Lorsque les décimaux sont de même signe

même signe +

(+3,2) + (+7,5) = +10,7

même signe –

(–3,2) + (–7,5) = –10,7

Dans les deux cas : 3,2 + 7,5 = 10,7.

▸ Lorsque les décimaux sont de signes contraires

(+3,2) + (–7,5) = –4,3

(–3,2) + (+7,5) = +4,3

Dans les deux cas : 7,5 > 3,2.

D'où 7,5 – 3,2 = 4,3 et le signe de la somme est celui qui précède 7,5.

2 Nombres opposés

▸ Deux nombres qui ont pour somme 0 sont des nombres opposés.

Ex. : **+5,3 + (–5,3) = 0 ; –6,8 + (+6,8) = 0.**
L'opposé de +5,3 est –5,3 ; l'opposé de –5,3 est +5,3.
L'opposé de –6,8 est +6,8 ; l'opposé de +6,8 est –6,8.

Deux nombres opposés sont de signes contraires.

▸ Les nombres positifs peuvent être notés sans le signe +.

L'opposé de 5,3 est –5,3 ; l'opposé de –5,3 est 5,3.
L'opposé de –6,8 est 6,8 ; l'opposé de 6,8 est –6,8.

▸ L'opposé de b est noté $-b$; on a : $b + (-b) = 0$.

Si b est positif, $-b$ est négatif ; si b est négatif, $-b$ est positif.

3 Différence de deux décimaux relatifs

▶ Si a et b sont deux décimaux relatifs connus et x un nombre inconnu, alors l'écriture $b + x = a$ est une équation*.
Le nombre x qu'il faut ajouter à b pour avoir a est égal à la différence de a et de b ; on écrit : $x = a - b$.

▶ Le calcul de la différence de deux nombres se fait en ajoutant au premier l'opposé* du second.
En notant $-b$ l'opposé du nombre b, alors :

$$a - b = a + (-b).$$

Ex. : **13,5 – (–7,9) = 13,5 + (+7,9) = 13,5 + 7,9 = 21,4.**

Je comprends comment faire

▶ Calculer une somme de plusieurs décimaux relatifs

Calcule de trois façons la somme S telle que :

$$S = 4 + (-7) + (-15) + 7.$$

1° Dans l'ordre.
2° En regroupant les nombres positifs et les nombres négatifs.
3° En regroupant les nombres opposés.

1° On a successivement :
$4 + (-7) = -3$; $-3 + (-15) = -18$; $-18 + 7 = -11$; $S = -11$.

2° Il y a deux nombres positifs et deux nombres négatifs.
$S = [4 + 7] + [(-7) + (-15)]$
$= 11 + (-22)$
$\mathbf{= -11.}$

3° On remarque que (– 7) et 7 sont deux nombres opposés.
$S = [(-7) + 7] + 4 + (-15)$
$= 0 + 4 + (-15)$
$\mathbf{= -11.}$

▶ Calculer une différence

Calcule : 1° 8 – (–3).   2° –5 – 3,7.

1° **On sait que $a - b = a$ + opposé de b.**
On a : $8 - (-3) = 8 + (+3) = 8 + 3 = \mathbf{11}$.
2° L'opposé de 3,7 (ou +3,7) est –3,7.
D'où : $-5 - 3{,}7 = -5 + (-3{,}7) = \mathbf{-8{,}7}$.

Notes

Corrigés p. 24

Je m'entraîne

Brouillon

Exercice 1

Complète le tableau suivant en écrivant la somme des deux nombres à l'intersection d'une ligne et d'une colonne.

	3,1	−2	−4,7	6
−1,3	…	…	…	…
4,2	…	…	…	…

Exercice 2

Complète le tableau suivant.

a	12	−3,4	4,5	−6
b	−5,6	−4,2	9,3	7
$a - b$	…	…	…	…

Exercice 3

Calcule le nombre A tel que :

$A = -3{,}8 + (-5{,}6) + (-7) + (+8) + (-3{,}5) + (+7{,}8)$.

....

....

Exercice 4

a. **Complète le tableau ci-dessous.**

a	5,3	−6,8	−4,7	0
$-a$	…	…	…	…

b. **Vrai ou faux ?**

« $-a$ n'est pas toujours négatif. » Vrai ☐ Faux ☐

Brouillon

Exercice 5

$S = 4{,}1 + (-3{,}5) - (-7{,}2) - (+3{,}4)$.

Transforme S en une suite d'additions, puis calcule S.

$S =$ ……………………………………………………………

$S =$ ……………………………………………………………

Exercice 6

On rappelle que ranger des nombres dans l'**ordre croissant***, c'est les écrire du plus petit au plus grand; les ranger dans l'**ordre décroissant***, c'est les écrire du plus grand au plus petit.

a. **Range par ordre croissant les nombres suivants.**

$-3{,}5$; $-6{,}2$; 0; $-1{,}2$; $5{,}4$; -4; $2{,}3$.

……………………………………………………………

b. **Range par ordre décroissant les nombres suivants.**

-6; $-6{,}3$; 0; $1{,}4$; $5{,}5$; -7; $5{,}05$.

……………………………………………………………

Exercice 7

Effectue les opérations suivantes, puis complète avec le signe $<$, le signe $>$ ou le signe $=$.

a. $-17 + 12$ … $-9 + 5$.

……………………………………………………………

b. $23 - (-12)$ … $32 + (-15)$.

……………………………………………………………

c. $2{,}3 - 4{,}3$ … $-4{,}5 + 2{,}8$.

……………………………………………………………

d. $-5{,}4 - (-5{,}4)$ … $7{,}2 - 7{,}2$.

……………………………………………………………

Brouillon

Exercice 8

On a saisi dans une feuille de calcul d'un tableur le nombre de spectateurs ayant assisté aux six premiers matchs d'une équipe de basket et les variations par rapport à la moyenne de l'année précédente (qui était de 6430 spectateurs).

	A	B	C
1	Mois	Nombre	Variation
2	Janvier	7250	+820
3	Février	5830	–600
4	Mars	6280	–150
5	Avril	7010	+580
6	Mai	5940	–490
7	Juin	8310	+1880
8	Total		

a. Quelle formule a été saisie dans la cellule C2, puis étirée vers le bas jusqu'en C7 ?

....

....

....

b. Quelle formule doit être saisie dans la cellule B8, puis étirée vers la droite ?

....

....

....

Quels nombres apparaîtront dans les cellules B8 et C8 ?

....

....

....

Corrigés des exercices

Exercice 1

	3,1	−2	−4,7	6
−1,3	**1,8**	**−3,3**	**−6**	**4,7**
4,2	**7,3**	**2,2**	**−0,5**	**10,2**

Exercice 2

a	12	−3,4	4,5	−6
b	−5,6	−4,2	9,3	7
a − *b*	**17,6**	**0,8**	**−4,8**	**−13**

Exercice 3

On peut regrouper les positifs et les négatifs :

A = [8 + 7,8] + [−3,8 + (−5,6) + (−7) + (−3,5)]

= 15,8 + (−19,9)

= −4,1.

Exercice 4

a.

a	5,3	−6,8	−4,7	0
−*a*	**−5,3**	**6,8**	**4,7**	**0**

b. « Le nombre noté −*a* n'est pas toujours négatif » : **vrai**, car si *a* est négatif, son opposé −*a* est un nombre positif.

Exercice 5

S = 4,1 + (−3,5) + (+7,2) + (−3,4) ; ***S* = 4,4**.

Exercice 6

a. **−6,2 < −4 < −3,5 < −1,2 < 0 < 2,3 < 5,4.**

b. **5,5 > 5,05 > 1,4 > 0 > −6 > −6,3 > −7.**

Exercice 7

a. −17 + 12 **<** −9 + 5 car **−5 < −4**.

b. 23 − (−12) **>** 32 + (−15) car **35 > 17**.

c. 2,3 − 4,3 **<** −4,5 + 2,8 car **−2 < −1,7**.

d. −5,4 − (−5,4) **=** 7,2 − 7,2 car **0 = 0**.

Exercice 8

a. Dans la cellule **C2,** on a saisi la formule « **=B2−6430** ».

b. Dans la cellule **B8**, on doit saisir la formule « **=SOMME(B2:B7)** ».

Dans la cellule **B8**, on obtiendra **40620**.

Dans la cellule **C8**, on obtiendra **+ 2040**.

Décimaux relatifs : multiplication

Je retiens le cours

1 Produit de deux décimaux relatifs

Signe du produit

- Le produit de deux décimaux relatifs de même signe est un **décimal** positif.
- Le produit de deux décimaux relatifs de signes contraires est un **décimal** négatif.

Ex. : (+2,4) × (+1,5) = +3,6 — *« même signe » entraîne signe +*

(−2,4) × (−1,5) = +3,6 — *« même signe » entraîne signe +*

(+2,4) × (−1,5) = −3,6 — *« signes contraires » entraîne signe −*

(−2,4) × (+1,5) = −3,6 — *« signes contraires » entraîne signe −*

Dans les quatre cas, on a : 3,6 = 2,4 × 1,5.

Cas particuliers

Quel que soit le nombre décimal *a*, on a :

$$a \times 1 = a$$

$$a \times 0 = 0$$

$$a \times (-1) = -a$$

(*rappel :* −*a* = opposé de *a*).

Notes

2 Propriétés

▶ Dans un produit de décimaux relatifs, on peut modifier l'ordre des facteurs et effectuer des regroupements, sans changer le résultat.

Ex. : $(-2,5) \times (+1,8) \times (-4) = [(-2,5) \times (-4)] \times (+1,8) = (+10) \times (+1,8) = +18$.

▶ En l'absence de parenthèses de priorité, la multiplication est prioritaire sur l'addition et la soustraction.

Ex. : $-3,5 + 2,5 \times 12$ est une écriture simplifiée de $-3,5 + (2,5 \times 12)$.
On a : $-3,5 + 2,5 \times 12 = -3,5 + 30 = 26,5$.

Ex. : $7,5 - 2,5 \times 8$ est une écriture simplifiée de $7,5 - (2,5 \times 8)$.
On a : $7,5 - 2,5 \times 8 = 7,5 - 20 = -12,5$.

Je comprends comment faire

▶ Calculer un produit de deux décimaux relatifs

Calcule les produits suivants :
$3,5 \times (-1,4)$; $-3,5 \times 1,4$; $-3,5 \times (-1,4)$;
$-11,7 \times 1$; $-11,7 \times 0$; $-11,7 \times (-1)$.

$3,5 \times (-1,4) = \mathbf{-4,9}$; $-3,5 \times 1,4 = \mathbf{-4,9}$; $-3,5 \times (-1,4) = \mathbf{4,9}$;
$-11,7 \times 1 = \mathbf{-11,7}$; $-11,7 \times 0 = \mathbf{0}$; $-11,7 \times (-1) = \mathbf{11,7}$.

▶ Calculer un produit de plusieurs décimaux relatifs

1° Calcule A tel que $A = -2 \times 3,57 \times (-5) \times (-10)$.
2° Calcule B tel que $B = -87 \times (-20) \times (-4) \times 5 \times (-2,5)$.

1° **On ne change pas la valeur d'un produit en modifiant l'ordre des facteurs et en faisant des regroupements.**

$A = [-2 \times (-5)] \times (-10) \times 3,57$
$= [+10 \times (-10)] \times 3,57$
$= -100 \times 3,57 = \mathbf{-357}$.

2° On remarque que $20 \times 5 = 100$ et $4 \times 2,5 = 10$.

$B = [(-20) \times 5] \times [(-4) \times (-2,5)] \times (-87)$
$= -100 \times 10 \times (-87)$
$= -1\,000 \times (-87) = \mathbf{87\,000}$.

Notes

Corrigés p. 30

Je m'entraîne

Brouillon

Exercice 1

Complète le tableau suivant.

Produit non effectué	Signe du produit	Produit effectué
-7×4	...	...
$-8 \times (-9)$	...	...
$2{,}5 \times (-4)$	...	...
$5 \times (-6{,}4)$	...	...

Exercice 2

Complète le tableau suivant en écrivant le produit des deux nombres à l'intersection d'une ligne et d'une colonne.

	1,5	–2	–3,5	0
–4	...	...	...	...
2,5	...	...	...	...
–1	...	...	...	...

Exercice 3

Calcule les produits suivants, après avoir remplacé les fractions par des nombres en écriture décimale.

a. $A = 2{,}8 \times \dfrac{16}{10} =$ ....

b. $B = -3{,}5 \times \left(-\dfrac{5}{2}\right) =$ ....

c. $C = \dfrac{5}{4} \times (-0{,}8) =$ ....

d. $D = \left(-\dfrac{17}{10}\right) \times \dfrac{13}{10} =$ ....

e. $E = \left(-\dfrac{8}{100}\right) \times \left(-\dfrac{9}{10}\right) =$ ....

Brouillon

Exercice 4

Complète le tableau suivant.

Produit non effectué	Signe du produit	Produit effectué
$-9 \times 4 \times 5$	…	…
$-7 \times (-9) \times 10$	…	…
$-4 \times (-4) \times (-5)$	…	…

Exercice 5

Fais des regroupements, puis effectue.

a. $H = -0{,}5 \times 0{,}01 \times 2 \times (-100)$

....

....

b. $J = 0{,}25 \times 10\,000 \times 26 \times (-0{,}000\,1) \times 4$

....

....

c. $K = -0{,}2 \times 25 \times (-5) \times (-2) \times (-4) \times (-7)$

....

....

Exercice 6

Effectue les calculs suivants.

a. $-15 + 8 \times (-2) =$ ....

b. $3{,}2 - 3{,}2 \times 0{,}5 =$ ....

c. $-4{,}5 \times (-8) + 8 =$ ....

d. $5{,}2 \times 1{,}1 - 1{,}1 \times (-2{,}4) =$ ....

Exercice 7

On a utilisé une feuille de calcul d'un tableur pour calculer le coût en euros d'une facture.

	A	B	C
1	Prix unitaire	Quantité	Coût (€)
2	7.50	3	22.50
3	12.80	6	
4	8.75	12	
5	10.40	3	
6	Total	24	

a. **Quelle formule a été saisie dans la cellule C2 ?**

....

En copiant cette formule, quels nombres trouvera-t-on dans les cellules C3, C4 et C5 ?

....

....

b. **Quelle formule doit être saisie dans la cellule C6 ?**

....

Quel nombre apparaîtra dans cette cellule ?

....

Brouillon

Corrigés des exercices

Exercice 1

Produit non effectué	Signe du produit	Produit effectué
-7×4	–	**–28**
$-8 \times (-9)$	+	**+72**
$2{,}5 \times (-4)$	–	**–10**
$5 \times (-6{,}4)$	–	**–32**

Exercice 2

	1,5	–2	–3,5	0
–4	**–6**	**+8**	**+14**	**0**
2,5	**3,75**	**–5**	**–8,75**	**0**
–1	**–1,5**	**+2**	**+3,5**	**0**

Exercice 3

a. $A = 2{,}8 \times \frac{16}{10} = 2{,}8 \times 1{,}6 = \mathbf{4{,}48}$.

b. $B = -3{,}5 \times \left(-\frac{5}{2}\right) = -3{,}5 \times (-2{,}5) = \mathbf{8{,}75}$.

c. $C = \frac{5}{4} \times (-0{,}8) = 1{,}25 \times (-0{,}8) = \mathbf{-1}$.

d. $D = \left(-\frac{17}{10}\right) \times \frac{13}{10} = -1{,}7 \times 1{,}3 = \mathbf{-2{,}21}$.

e. $E = \left(-\frac{8}{100}\right) \times \left(-\frac{9}{10}\right) = -0{,}08 \times (-0{,}9) = \mathbf{0{,}072}$.

Exercice 4

Produit non effectué	Signe du produit	Produit effectué
$-9 \times 4 \times 5$	–	**–180**
$-7 \times (-9) \times 10$	+	**+630**
$-4 \times (-4) \times (-5)$	–	**–80**

Exercice 5

a. $H = (-0{,}5 \times 2) \times [0{,}01 \times (-100)] = -1 \times (-1) = \mathbf{1}$.
b. $J = (0{,}25 \times 4) \times [10\,000 \times (-0{,}000\,1)] \times 26 = 1 \times (-1) \times 26 = \mathbf{-26}$.
c. $K = [-0{,}2 \times (-5)] \times [25 \times (-4)] \times [(-2) \times (-7)] = 1 \times (-100) \times 14 = \mathbf{-1\,400}$.

Exercice 6

a. $-15 + 8 \times (-2) = -15 + (-16) = \mathbf{-31}$.
b. $3{,}2 - 3{,}2 \times 0{,}5 = 3{,}2 - 1{,}6 = \mathbf{1{,}6}$.
c. $-4{,}5 \times (-8) + 8 = 36 + 8 = \mathbf{44}$.
d. $5{,}2 \times 1{,}1 - 1{,}1 \times (-2{,}4) = 5{,}72 + 2{,}64 = \mathbf{8{,}36}$.

Exercice 7

a. Dans la cellule C2, on a saisi la formule « **=A2*B2** ».
Dans les cellules C3, C4, C5, on trouve respectivement : **76,80 ; 105,00 ; 31,20**.
b. Dans la cellule C6, on saisit la formule « **=SOMME(C2:C5)** » ; on obtient : **235,50**.

Notes

Décimaux relatifs : division

Je retiens le cours

1 Quotients de décimaux relatifs

▶ *a* et *b* étant deux décimaux relatifs connus ($b \neq 0$), diviser *a* par *b*, c'est rechercher le nombre x tel que $\boldsymbol{bx = a}$.

• Cette équation* a une solution et une seule, appelée **quotient** de *a* par *b*.

• Ce quotient peut se noter ***a* : *b*** ou $\boldsymbol{\frac{a}{b}}$ ou ***a/b***; *a* et *b* sont les **termes du quotient**.

• $\frac{a}{b}$ est l'**écriture fractionnaire** du quotient; *a* est le **numérateur** et *b* le **dénominateur**. Par définition : $b \times \frac{a}{b} = a$.

▶ Les quotients de deux décimaux relatifs sont des **nombres rationnels**.

2 Signe du quotient

▶ Si les deux termes d'un quotient sont de même signe, alors le quotient est positif.

Ex. : $\frac{+2}{+3} = \frac{-2}{-3} = \frac{2}{3}$.

▶ Si les deux termes d'un quotient sont de signes contraires, alors le quotient est négatif.

Ex. : $\frac{+2}{-3} = \frac{-2}{+3} = -\frac{2}{3}$.

Notes

3 Quotients égaux

▶ Si on multiplie ou si on divise les deux termes d'un quotient de décimaux relatifs par un même décimal relatif non nul, on obtient un quotient égal.

a, *b*, *k* et *m* étant des décimaux relatifs tels que $b \neq 0$, $k \neq 0$ et $m \neq 0$, on a : $\frac{a}{b} = \frac{a \times k}{b \times k}$ et $\frac{a}{b} = \frac{a : m}{b : m}$.

▶ **Égalité de quotients et produits en croix**

a, *b*, *c* et *d* sont des nombres décimaux relatifs tels que $b \neq 0$ et $d \neq 0$.

• Si on a $\frac{a}{b} = \frac{c}{d}$ (quotients égaux), on a alors : $\frac{a \times d}{b \times d} = \frac{b \times c}{b \times d}$

on en déduit $a \times d = b \times c$ (produits en croix égaux).

• Si on a $a \times d = b \times c$ (produits en croix égaux), on a alors :

$$\frac{a \times d}{b \times d} = \frac{b \times c}{b \times d}$$

on en déduit, après simplification, $\frac{a}{b} = \frac{c}{d}$ (quotients égaux).

On dit que **l'égalité des produits en croix caractérise l'égalité des quotients.**

Je comprends comment faire

▶ Écrire avec une fraction la plus simple possible

Résous les équations :

1° $57x = -33$. 2° $-2{,}7x = -1{,}8$.

Écris chaque solution avec une fraction* la plus simple possible.

1° L'équation $57x = -33$ a pour solution $\frac{-33}{57}$ ou $-\frac{33}{57}$.

33 et 57 sont tous deux divisibles par 3.

D'où : $-\frac{33}{57} = -\frac{33 : 3}{57 : 3} = -\frac{11}{19}$.

2° L'équation $-2{,}7x = -1{,}8$ a pour solution $\frac{-1{,}8}{-2{,}7}$ ou $\frac{1{,}8}{2{,}7}$.

$$\frac{1{,}8}{2{,}7} = \frac{1{,}8 \times 10}{2{,}7 \times 10} = \frac{18}{27} = \frac{18 : 9}{27 : 9} = \frac{2}{3}.$$

↑ on multiplie les deux termes par 10

↑ on divise les deux termes par 9

Corrigés p. 36

Brouillon

Je m'entraîne

Exercice 1

Complète le tableau suivant, sans utiliser ta calculatrice, en écrivant les résultats sous forme de nombres décimaux relatifs.

Quotient non effectué	Signe du quotient	Quotient effectué
–25,6 : 100	...	...
–3 : (–1 000)	...	...
16 : (–2)	...	...
(–1,5) : (–0,5)	...	...
8,4 : (–4)	...	...

Exercice 2

Le quotient de deux décimaux relatifs :

– ou bien est un décimal relatif : $3 : (-4) = \frac{3}{-4} = -\frac{3}{4} = -0{,}75$

(la division de 3 par 4 « tombe juste » !) ;

– ou bien n'est pas un décimal relatif : $2 : (-3) = \frac{2}{-3} = -\frac{2}{3}$

(la division de 2 par 3 « ne tombe pas juste » !).

Donne, pour chacun des quotients suivants, son écriture avec une fraction* la plus simple possible, puis une écriture décimale si le quotient est décimal.

a. $\frac{-8}{6} =$ ....

....

b. $\frac{9{,}6}{-3} =$ ....

....

c. $\frac{-22}{-8} =$ ....

....

Brouillon

Exercice 3

Résous les équations suivantes en donnant pour chacune des solutions son écriture avec une fraction* la plus simple possible.

a. $12x = -28$ a pour solution ....

....

b. $2{,}4x = -5{,}1$ a pour solution ....

....

c. $35x = 15$ a pour solution ....

....

d. $-7{,}2x = -8{,}4$ a pour solution ....

....

Exercice 4

Pour résoudre l'équation $\frac{x}{7} = \frac{5}{4}$, on écrit que les produits en croix sont égaux : $4x = 35$. La solution est $\frac{35}{4}$, soit 8,75.

Résous de même chacune des équations suivantes.

a. $\frac{x}{5} = \frac{4{,}7}{4}$ s'écrit ....

Solution : ....

b. $\frac{x}{0{,}7} = \frac{-0{,}9}{2}$ s'écrit ....

Solution : ....

c. $\frac{x}{2{,}5} = \frac{-1{,}2}{3{,}5}$ s'écrit ....

Solution : ....

d. $\frac{x}{4{,}2} = \frac{-2{,}5}{2{,}1}$ s'écrit ....

Solution : ....

Exercice 5

Le quotient de –2,5 par –3,5 peut s'écrire sous forme d'une fraction en multipliant les deux termes par –2.

$$\frac{-2{,}5}{-3{,}5} = \frac{-2{,}5 \times (-2)}{-3{,}5 \times (-2)} = \frac{5}{7}.$$

Écris de même chacun des quotients suivants sous forme d'une fraction*.

a. $\frac{-4{,}5}{-9{,}5} =$ ....

b. $\frac{-1{,}5}{-7{,}5} =$ ....

c. $\frac{-12{,}5}{-17{,}5} =$ ....

Exercice 6

Le quotient de 50 par 11 n'est pas un nombre décimal (la division « ne tombe pas juste »). La calculatrice affiche 4.545454…

Cela permet d'encadrer $\frac{50}{11}$ par des approximations décimales* :

à 1 près : $4 < \frac{50}{11} < 5$;

à 0,1 près : $4{,}5 < \frac{50}{11} < 4{,}6$;

à 0,01 près : $4{,}54 < \frac{50}{11} < 4{,}55$.

a. **Donne de même un encadrement du quotient $\frac{22}{7}$.**

À 1 près : ....

À 0,1 près : ....

À 0,01 près : ....

b. **Donne de même un encadrement du quotient $\frac{355}{113}$.**

À 1 près : ....

À 0,1 près : ....

À 0,01 près : ....

Brouillon

Corrigés des exercices

Exercice 1

Quotient non effectué	Signe du quotient	Quotient effectué
–25,6 : 100	–	**–0,256**
–3 : (–1000)	+	**+0,003**
16 : (–2)	–	**–8**
(–1,5) : (–0,5)	+	**+3**
8,4 : (–4)	–	**–2,1**

Exercice 2

a. $\frac{-8}{6} = -\frac{\mathbf{4}}{\mathbf{3}}$ (non décimal).

b. $\frac{9,6}{-3} = -\frac{96}{30} = -\frac{\mathbf{16}}{\mathbf{5}} = \mathbf{-3,2}$.

c. $\frac{-22}{-8} = \frac{\mathbf{11}}{\mathbf{4}} = \mathbf{2,75}$.

Exercice 3

a. $12x = -28$ a pour solution $\frac{-28}{12}$, soit $-\frac{\mathbf{7}}{\mathbf{3}}$.

b. $2,4x = -5,1$ a pour solution $\frac{-5,1}{2,4}$, soit $-\frac{51}{24}$ ou encore $-\frac{\mathbf{17}}{\mathbf{8}}$.

c. $35x = 15$ a pour solution $\frac{15}{35}$, soit $\frac{\mathbf{3}}{\mathbf{7}}$.

d. $-7,2x = -8,4$ a pour solution $\frac{-8,4}{-7,2}$, soit $\frac{84}{72}$ ou encore $\frac{\mathbf{7}}{\mathbf{6}}$.

Exercice 4

a. $\frac{x}{5} = \frac{4,7}{4}$ s'écrit $4x = 23,5$; solution : **23,5/4** ou **47/8** ou **5,875**.

b. $\frac{x}{0,7} = \frac{-0,9}{2}$ s'écrit $2x = -0,63$; solution : $\frac{\mathbf{-0,63}}{\mathbf{2}}$ ou $-\frac{\mathbf{63}}{\mathbf{200}}$ ou **–0,315**.

c. $\frac{x}{2,5} = \frac{-1,2}{3,5}$ s'écrit $3,5x = -3$; solution : $\frac{\mathbf{-3}}{\mathbf{3,5}}$ ou $-\frac{\mathbf{6}}{\mathbf{7}}$ (non décimal).

d. $\frac{x}{4,2} = \frac{-2,5}{2,1}$ s'écrit $2,1x = -10,5$; solution : $\frac{\mathbf{-10,5}}{\mathbf{2,1}}$ ou **–5**.

Exercice 5

a. $\frac{-4,5}{-9,5} = \frac{-4,5 \times (-2)}{-9,5 \times (-2)} = \frac{\mathbf{9}}{\mathbf{19}}$.

b. $\frac{-1,5}{-7,5} = \frac{3}{15} = \frac{\mathbf{1}}{\mathbf{5}}$.

c. $\frac{-12,5}{-17,5} = \frac{25}{35} = \frac{\mathbf{5}}{\mathbf{7}}$.

Exercice 6

a. La calculatrice affiche : 3.14285…

D'où les encadrements : $\mathbf{3} < \frac{\mathbf{22}}{\mathbf{7}} < \mathbf{4}$; $\mathbf{3,1} < \frac{\mathbf{22}}{\mathbf{7}} < \mathbf{3,2}$; $\mathbf{3,14} < \frac{\mathbf{22}}{\mathbf{7}} < \mathbf{3,15}$.

L'encadrement de 22/7 est le même que celui de π, jusqu'au centième.

b. La calculatrice affiche : 3.141592…

D'où les encadrements : $\mathbf{3} < \frac{\mathbf{355}}{\mathbf{113}} < \mathbf{4}$; $\mathbf{3,1} < \frac{\mathbf{355}}{\mathbf{113}} < \mathbf{3,2}$; $\mathbf{3,14} < \frac{\mathbf{355}}{\mathbf{113}} < \mathbf{3,15}$.

L'encadrement de 355/113 est le même que celui de π, jusqu'au millionième.

Écritures fractionnaires : produits et quotients

Je retiens le cours

1 Produits

Quels que soient les décimaux relatifs *a*, *b*, *c* et *d* ($b \neq 0$; $d \neq 0$), on a :

$$\frac{a}{b} \times \frac{c}{d} = \frac{a \times c}{b \times d} = \frac{ac}{bd}.$$

← produit des numérateurs
← produit des dénominateurs

Notes

2 Inverses

▶ Deux nombres dont le produit est égal à **1** sont inverses l'un de l'autre.

Ex. : **$0{,}5 \times 2 = 1$;**
0,5 est l'inverse de 2 ;
2 est l'inverse de 0,5.

▶ L'inverse de $\frac{a}{b}$ est $\frac{b}{a}$ ($a \neq 0$ et $b \neq 0$).

Ex. : **L'inverse de $\frac{2}{3}$ est $\frac{3}{2}$; l'inverse de $\frac{-5}{7}$ est $\frac{7}{-5}$, soit $-\frac{7}{5}$.**

▶ L'inverse de x ($x \neq 0$) peut se noter $\frac{1}{x}$.

Ex. : **L'inverse de 5 est $\frac{1}{5}$; l'inverse de –4 est $\frac{1}{-4}$, soit $-\frac{1}{4}$.**

3 Quotients

Diviser par un nombre non nul, c'est multiplier par son **inverse**.

Ainsi, $\frac{a}{b} : \frac{c}{d}$, que l'on note aussi $\dfrac{\frac{a}{b}}{\frac{c}{d}}$, est égal à $\frac{a}{b} \times \frac{d}{c}$ ou $\frac{ad}{bc}$

(avec $b \neq 0$, $c \neq 0$ et $d \neq 0$).

Ex. : $\frac{3}{7} : \frac{-5}{11} = \frac{3}{7} \times \frac{11}{-5} = \frac{33}{-35} = -\frac{33}{35}$.

Je comprends comment faire

▶ Calculer un produit (écriture fractionnaire)

Calcule le produit $\frac{-1{,}2}{7} \times \frac{-4}{-0{,}7}$, puis écris le résultat avec une fraction* simplifiée.

$$\frac{-1{,}2}{7} \times \frac{-4}{-0{,}7} = \frac{-1{,}2 \times (-4)}{7 \times (-0{,}7)} = \frac{+(1{,}2 \times 4)}{-(7 \times 0{,}7)} = \frac{4{,}8}{-4{,}9} = -\frac{4{,}8}{4{,}9} = -\mathbf{\frac{48}{49}}.$$

produit des numérateurs ; *produit des dénominateurs* ; *signe du numérateur* ; *signe du dénominateur* ; *signe du quotient*

Remarque : on peut écrire :

$$\frac{-1{,}2}{7} \times \frac{-4}{-0{,}7} = -\frac{1{,}2}{7} \times \frac{4}{0{,}7} = -\frac{4{,}8}{4{,}9} = -\frac{48}{49}.$$

▶ Calculer un quotient (écriture fractionnaire)

Calcule les quotients suivants :

1° $\frac{5}{7} : \frac{2}{9}$.

2° $\frac{-3}{7} : 3$.

3° $\frac{13}{5} : \frac{-26}{15}$.

Donne les résultats avec une fraction* simplifiée.

1° $\frac{5}{7} : \frac{2}{9} = \frac{5}{7} \times \frac{9}{2} = \mathbf{\frac{45}{14}}$.

2° $\frac{-3}{7} : 3 = \frac{-3}{7} \times \frac{1}{3} = \frac{-3 \times 1}{7 \times 3} = \frac{\mathbf{3} \times (-1)}{\mathbf{3} \times 7} = \frac{-1}{7} = -\mathbf{\frac{1}{7}}$.

on multiplie par l'inverse

on fait apparaître des facteurs communs au numérateur et au dénominateur, pour les supprimer, car $\frac{ak}{bk} = \frac{a}{b}$

3° $\frac{13}{5} : \frac{-26}{15} = \frac{13}{5} \times \frac{15}{-26} = \frac{13 \times 15}{5 \times (-26)} = \frac{\mathbf{13} \times \mathbf{5} \times 3}{\mathbf{5} \times \mathbf{13} \times (-2)} = \frac{3}{-2} = -\mathbf{\frac{3}{2}} = -1{,}5.$

Notes

Je m'entraîne

Corrigés p. 42

Brouillon

Exercice 1

Calcule les produits suivants.

a. $A = \frac{-2}{7} \times \frac{4}{3} =$ ....

b. $B = \frac{-3}{4} \times \frac{5}{-7} =$ ....

c. $C = -2{,}4 \times \frac{5}{7} =$ ....

Exercice 2

Exemple :

$J = -\frac{7}{8} \times \left(-\frac{16}{21}\right)$. *Le produit est positif.*

$J = \frac{7}{8} \times \frac{16}{21} = \frac{7 \times 16}{8 \times 21} = \frac{7 \times 8 \times 2}{8 \times 3 \times 7}$

$J = \frac{(7 \times 8) \times 2}{(8 \times 7) \times 3} = \mathbf{\frac{2}{3}} \left(\text{car } \frac{na}{nb} = \frac{a}{b}\right)$.

Pratiquement, cela revient à « éliminer » les facteurs communs au numérateur et au dénominateur (ici, ce sont les facteurs 7 et 8).

Calcule de même les produits suivants, en écrivant le résultat avec une fraction la plus simple possible.

a. $K = \frac{21}{72} \times \frac{32}{35} =$ ....

....

b. $L = \frac{-63}{64} \times \frac{56}{81} =$ ....

....

c. $M = -\frac{18}{35} \times \left(-\frac{14}{3}\right) =$ ....

....

Exercice 3

Exemple :
*Résolvons l'équation** $3x = 1$.
Puisque le produit $3x$ *est égal à 1,* x *est l'inverse de 3.*
La solution est $\frac{1}{3}$.

Résous de même les équations suivantes.

a. $5x = 1$; ....

b. $\frac{-3}{7}x = 1$; ....

c. $-\frac{13}{17}x = 1$; ....

Exercice 4

Effectue les opérations suivantes en donnant les résultats sous forme fractionnaire.

a. $\frac{2}{3} : \frac{5}{7} =$ ....

....

b. $-3 : \frac{7}{3} =$ ....

....

c. $\frac{-4}{7} : 3 =$ ....

....

d. $\frac{24}{7} : \frac{8}{21} =$ ....

....

e. $-\frac{0,4}{7} : -\frac{0,8}{11} =$ ....

....

Brouillon

Brouillon

Exercice 5

Exemple :

*Résolvons l'équation** $\frac{4}{7}x = -\frac{3}{11}$.

La solution est le quotient de $-\frac{3}{11}$ *par* $\frac{4}{7}$*; c'est le nombre* $-\frac{3}{11} : \frac{4}{7}$.

$-\frac{3}{11} : \frac{4}{7} = -\frac{3}{11} \times \frac{7}{4} = -\frac{3 \times 7}{11 \times 4} = -\frac{21}{44}$.

La solution de l'équation est $-\frac{21}{44}$.

Résous de même les équations suivantes.

a. $-\frac{5}{6}x = \frac{4}{9}$; ....

....

....

b. $\frac{-3}{11}x = \frac{5}{-7}$; ....

....

....

Exercice 6

Résous les équations* suivantes (résultat simplifié).

a. $\frac{7}{15}x = -\frac{14}{25}$; ....

....

....

b. $-\frac{20}{3}x = \frac{16}{9}$; ....

....

....

c. $-\frac{7}{6}x = -\frac{7}{12}$; ....

....

....

Corrigés des exercices

Exercice 1

a. $A = \frac{-2}{7} \times \frac{4}{3} = -\mathbf{\frac{8}{21}}$.

b. $B = \frac{-3}{4} \times \frac{5}{-7} = \mathbf{\frac{15}{28}}$.

c. $C = -2{,}4 \times \frac{5}{7} = \frac{-2{,}4}{1} \times \frac{5}{7} = -\mathbf{\frac{12}{7}}$.

Exercice 2

a. $K = \frac{21}{72} \times \frac{32}{35} = \frac{3 \times 7 \times 4 \times 8}{9 \times 8 \times 5 \times 7} = \frac{3 \times 4}{9 \times 5} = \frac{3 \times 4}{3 \times 3 \times 5} = \frac{4}{3 \times 5} = \mathbf{\frac{4}{15}}$.

b. $L = \frac{-63}{64} \times \frac{56}{81} = \frac{-7 \times 9 \times 7 \times 8}{8 \times 8 \times 9 \times 9} = \frac{-7 \times 7}{8 \times 9} = -\mathbf{\frac{49}{72}}$.

c. $M = -\frac{18}{35} \times \left(-\frac{14}{3}\right) = \frac{6 \times 3 \times 7 \times 2}{5 \times 7 \times 3} = \frac{6 \times 2}{5} = \mathbf{\frac{12}{5}}$.

Exercice 3

a. $5x = 1$ a pour solution **1/5** ou **0,2**.

b. $\frac{-3}{7}x = 1$ a pour solution $-\mathbf{\frac{7}{3}}$.

c. $-\frac{13}{17}x = 1$ a pour solution $-\mathbf{\frac{17}{13}}$.

Exercice 4

a. $\frac{2}{3} : \frac{5}{7} = \frac{2}{3} \times \frac{7}{5} = \mathbf{\frac{14}{15}}$.

b. $-3 : \frac{7}{3} = \frac{-3}{1} \times \frac{3}{7} = -\mathbf{\frac{9}{7}}$.

c. $\frac{-4}{7} : 3 = \frac{-4}{7} \times \frac{1}{3} = -\mathbf{\frac{4}{21}}$.

d. $\frac{24}{7} : \frac{8}{21} = \frac{24}{7} \times \frac{21}{8} = \frac{8 \times 3 \times 7 \times 3}{8 \times 7} = \mathbf{9}$.

e. $-\frac{0{,}4}{7} : \left(-\frac{0{,}8}{11}\right) = \frac{0{,}4}{7} \times \frac{11}{0{,}8} = \mathbf{\frac{11}{14}}$.

Exercice 5

a. $-\frac{5}{6}x = \frac{4}{9}$ a pour solution $-\mathbf{\frac{8}{15}}$ car $\frac{4}{9} : \left(-\frac{5}{6}\right) = \frac{4}{9} \times \left(-\frac{6}{5}\right) = -\frac{4 \times 2 \times 3}{3 \times 3 \times 5} = -\mathbf{\frac{8}{15}}$.

b. $\frac{-3}{11}x = \frac{5}{-7}$ a pour solution $\mathbf{\frac{55}{21}}$ car $\frac{5}{-7} : \frac{-3}{11} = \frac{5}{-7} \times \frac{11}{-3} = \mathbf{\frac{55}{21}}$.

Exercice 6

a. $\frac{7}{15}x = -\frac{14}{25}$ a pour solution $-\mathbf{\frac{6}{5}}$ car $-\frac{14}{25} : \frac{7}{15} = -\frac{14}{25} \times \frac{15}{7} = -\frac{2 \times 7 \times 3 \times 5}{5 \times 5 \times 7} = -\mathbf{\frac{6}{5}}$.

b. $-\frac{20}{3}x = \frac{16}{9}$ a pour solution $-\mathbf{\frac{4}{15}}$ car $\frac{16}{9} : \left(-\frac{20}{3}\right) = \frac{16}{9} \times \left(-\frac{3}{20}\right) = -\frac{4 \times 4 \times 3}{3 \times 3 \times 4 \times 5} = -\mathbf{\frac{4}{15}}$.

c. $-\frac{7}{6}x = -\frac{7}{12}$ a pour solution $\mathbf{\frac{1}{2}}$ car $-\frac{7}{12} : \left(-\frac{7}{6}\right) = -\frac{7}{12} \times \left(-\frac{6}{7}\right) = \frac{7 \times 6}{2 \times 6 \times 7} = \mathbf{\frac{1}{2}}$.

Écritures fractionnaires : sommes et différences

Notes

Je retiens le cours

1 Sommes

Il est indispensable d'écrire les quotients avec le même **dénominateur**.

Quels que soient les décimaux relatifs *a*, *b* et *d* ($d \neq 0$), on a :

$$\frac{a}{d}+\frac{b}{d}=\frac{a+b}{d}$$

← somme des numérateurs
← dénominateur commun

2 Différences

▸ La **différence** de deux nombres relatifs (en écriture fractionnaire ou non) s'obtient en ajoutant au premier l'opposé du second :
a* – *b* = *a* + opposé de *b.

▸ Il est indispensable d'écrire les quotients avec le même **dénominateur**.

▸ Quels que soient les décimaux relatifs *a*, *b* et *c* ($c \neq 0$), on a :

$$\frac{a}{c}-\frac{b}{c}=\frac{a-b}{c}$$

← différence des numérateurs
← dénominateur commun

3 Équations

Toute **équation** de la forme $\boldsymbol{b + x = a}$, dans laquelle *a* et *b* sont des nombres relatifs (en écriture fractionnaire ou non), a pour solution la différence ***a* – *b***.

Ex : $-\frac{7}{3}+x=\frac{5}{9}$ **a pour solution** $\frac{5}{9}-\left(-\frac{7}{3}\right)$, **soit** $\frac{26}{9}$.

Je comprends comment faire

Calculer une somme de nombres relatifs en écriture fractionnaire

Calcule les sommes suivantes :

1° $\frac{-3}{-7}+\frac{5}{-7}$.

2° $2+\frac{2}{-3}$.

3° $\frac{4}{-7}+\frac{-5}{14}$.

1° $\frac{-3}{-7}+\frac{5}{-7}=\frac{-3+5}{-7}=\frac{2}{-7}=-\mathbf{\frac{2}{7}}$.

2° $2+\frac{2}{-3}=\frac{2}{1}+\frac{-2}{3}=\frac{2\times 3}{1\times 3}+\frac{-2}{3}=\frac{6}{3}+\frac{-2}{3}=\frac{6+(-2)}{3}=\mathbf{\frac{4}{3}}$.

3° $\frac{4}{-7}+\frac{-5}{14}=\frac{4\times(-2)}{-7\times(-2)}+\frac{-5}{14}=\frac{-8}{14}+\frac{-5}{14}=\frac{-8+(-5)}{14}=\frac{-13}{14}=-\mathbf{\frac{13}{14}}$.

Résoudre une équation de la forme *b* + x = *a* (*a* et *b* nombres relatifs)

Résous l'équation : $\frac{-2}{3}+x=-\frac{5}{6}$.

La solution de l'équation proposée est $-\frac{5}{6}-\left(\frac{-2}{3}\right)$.

Pour soustraire un nombre, on ajoute l'opposé de ce nombre.

Or, l'opposé du nombre $\frac{-2}{3}$ est $\frac{2}{3}$. Par suite, la solution est $-\frac{5}{6}+\frac{2}{3}$.

$-\frac{5}{6}+\frac{2}{3}=\frac{-5}{6}+\frac{2\times 2}{3\times 2}=\frac{-5}{6}+\frac{4}{6}=\frac{-5+4}{6}=\frac{-1}{6}=-\frac{1}{6}$.

La solution de l'équation est $-\mathbf{\frac{1}{6}}$.

Vérification : $-\frac{2}{3}+\left(-\frac{1}{6}\right)=-\frac{4}{6}+\left(-\frac{1}{6}\right)=-\frac{5}{6}$.

Notes

Je m'entraîne

Corrigés p. 48

Brouillon

Exercice 1

Calcule les sommes suivantes.

a. $\frac{4}{7}+\frac{5}{7}=$ ……………………

b. $\frac{5}{6}+\frac{-7}{6}=$ ……………………

c. $-3+\frac{4}{7}=$ ……………………

Exercice 2

Exemple : *Calculons la somme* $\frac{5}{6}+\frac{4}{9}$.

On écrit simultanément les listes des multiples non nuls de 6 et de 9 ; on s'arrête lorsque, dans ces listes, apparaît le premier multiple commun :* $M_6 = \{6 ; 12 ; 18...\}$; $M_9 = \{9 ; 18...\}$.

Le plus petit multiple commun est 18.

On utilise la règle $\frac{a}{b}=\frac{ak}{bk}$ *pour écrire les deux quotients avec le même dénominateur : 18 (plus petit dénominateur commun).*

$\frac{5}{6}=\frac{5\times 3}{6\times 3}=\frac{15}{18}$ *et* $\frac{4}{9}=\frac{4\times 2}{9\times 2}=\frac{8}{18}$.

Par suite : $\frac{5}{6}+\frac{4}{9}=\frac{15}{18}+\frac{8}{18}=\frac{23}{18}$.

Utilise cette méthode pour calculer les sommes suivantes.

a. $\frac{7}{9}+\frac{7}{6}=$ ……………………

b. $-\frac{2}{9}+\frac{11}{6}=$ ……………………

c. $\frac{5}{6}+\left(-\frac{4}{9}\right)=$ ……………………

d. $-\frac{11}{6}+\left(-\frac{7}{9}\right)=$ ……………………

Brouillo

Exercice 3

Calcule les différences suivantes.

a. $\frac{4}{7} - \frac{3}{7} =$ ……………………………………

……………………………………

b. $\frac{-2}{3} - \frac{5}{3} =$ ……………………………………

……………………………………

c. $\frac{2}{3} - \frac{4}{9} =$ ……………………………………

……………………………………

d. $\frac{5}{12} - \frac{5}{18} =$ ……………………………………

……………………………………

Exercice 4

Résous les équations suivantes.

a. $x + 2 = \frac{3}{7}$; ……………………………………

……………………………………

b. $x + \left(-\frac{5}{14}\right) = -\frac{5}{28}$; ……………………………………

……………………………………

c. $x + \left(-\frac{7}{12}\right) = \frac{7}{6}$; ……………………………………

……………………………………

d. $x + \frac{7}{12} = -\frac{1}{18}$; ……………………………………

……………………………………

e. $x + \frac{7}{12} = 0$; ……………………………………

……………………………………

Brouillon

Exercice 5

On rappelle qu'en l'absence de parenthèses de priorité, la multiplication et la division sont prioritaires par rapport à l'addition et à la soustraction.

Exemple :

Calculons A tel que $A = \frac{1}{7} + \frac{2}{7} \times \frac{-1}{3}$.

On effectue d'abord la multiplication : $\frac{2}{7} \times \frac{-1}{3} = \frac{-2}{21}$.

On effectue ensuite l'addition : $\frac{1}{7} + \frac{-2}{21} = \frac{3}{21} + \frac{-2}{21} = \frac{1}{21}$; $\mathbf{A = \frac{1}{21}}$.

Effectue les opérations suivantes.

a. $E = \frac{2}{3} + \frac{4}{3} \times \frac{5}{12} =$ ....

....

b. $F = \frac{-4}{5} + \frac{8}{5} : \left(-\frac{1}{3}\right) =$ ....

....

c. $G = \frac{2}{7} - \frac{4}{14} \times \left(-\frac{1}{2}\right) =$ ....

....

d. $H = \frac{3}{4} - \frac{2}{3} : \left(-\frac{5}{4}\right) =$ ....

....

e. $I = \frac{3}{4} \times \frac{5}{3} + \frac{5}{4} \times \frac{4}{7} =$ ....

....

f. $J = \left(-\frac{5}{4}\right) \times \frac{7}{4} - \frac{5}{2} \times \left(-\frac{7}{2}\right) =$ ....

....

Corrigés des exercices

Exercice 1

a. $\frac{4}{7}+\frac{5}{7}=\mathbf{\frac{9}{7}}$.

b. $\frac{5}{6}+\frac{-7}{6}=-\frac{2}{6}=-\mathbf{\frac{1}{3}}$.

c. $-3+\frac{4}{7}=-\frac{21}{7}+\frac{4}{7}=-\mathbf{\frac{17}{7}}$.

Exercice 2

a. $M_9=\{9;\ 18\ldots\}$; $M_6=\{6;\ 12;\ 18\ldots\}$.

D'où $\frac{7}{9}+\frac{7}{6}=\frac{14}{18}+\frac{21}{18}=\mathbf{\frac{35}{18}}$.

b. $-\frac{2}{9}+\frac{11}{6}=-\frac{4}{18}+\frac{33}{18}=\mathbf{\frac{29}{18}}$.

c. $\frac{5}{6}+\left(-\frac{4}{9}\right)=\frac{15}{18}+\left(-\frac{8}{18}\right)=\mathbf{\frac{7}{18}}$.

d. $-\frac{11}{6}+\left(-\frac{7}{9}\right)=-\frac{33}{18}+\left(-\frac{14}{18}\right)=-\mathbf{\frac{47}{18}}$.

Exercice 3

a. $\frac{4}{7}-\frac{3}{7}=\frac{4-3}{7}=\mathbf{\frac{1}{7}}$.

b. $\frac{-2}{3}-\frac{5}{3}=\frac{-2-5}{3}=-\mathbf{\frac{7}{3}}$.

c. $\frac{2}{3}-\frac{4}{9}=\frac{6}{9}-\frac{4}{9}=\frac{6-4}{9}=\mathbf{\frac{2}{9}}$.

d. $\frac{5}{12}-\frac{5}{18}=\frac{15}{36}-\frac{10}{36}=\frac{15-10}{36}=\mathbf{\frac{5}{36}}$.

Exercice 4

a. $x+2=\frac{3}{7}$ a pour solution $-\mathbf{\frac{11}{7}}$ car $\frac{3}{7}-2=\frac{3}{7}-\frac{14}{7}=\frac{3}{7}+\left(\frac{-14}{7}\right)=-\mathbf{\frac{11}{7}}$.

b. $x+\left(-\frac{5}{14}\right)=-\frac{5}{28}$ a pour solution $\mathbf{\frac{5}{28}}$ car $-\frac{5}{28}-\left(-\frac{5}{14}\right)=-\frac{5}{28}+\frac{10}{28}=\mathbf{\frac{5}{28}}$.

c. $x+\left(-\frac{7}{12}\right)=\frac{7}{6}$ a pour solution $\mathbf{\frac{7}{4}}$ car $\frac{7}{6}-\left(-\frac{7}{12}\right)=\frac{14}{12}+\frac{7}{12}=\frac{21}{12}=\mathbf{\frac{7}{4}}$.

d. $x+\frac{7}{12}=-\frac{1}{18}$ a pour solution $-\mathbf{\frac{23}{36}}$ car $-\frac{1}{18}-\frac{7}{12}=-\frac{1}{18}+\left(\frac{-7}{12}\right)=\frac{-2}{36}+\frac{-21}{36}=-\mathbf{\frac{23}{36}}$.

e. $x+\frac{7}{12}=0$ a pour solution $-\mathbf{\frac{7}{12}}$ car $0-\frac{7}{12}=0+\left(\frac{-7}{12}\right)=-\mathbf{\frac{7}{12}}$.

Exercice 5

a. $E=\frac{2}{3}+\frac{4}{3}\times\frac{5}{12}=\frac{2}{3}+\frac{5}{9}=\frac{6}{9}+\frac{5}{9}=\mathbf{\frac{11}{9}}$.

b. $F=\frac{-4}{5}+\frac{8}{5}:\left(-\frac{1}{3}\right)=\frac{-4}{5}+\left(\frac{-24}{5}\right)=-\mathbf{\frac{28}{5}}$.

c. $G=\frac{2}{7}-\frac{4}{14}\times\left(-\frac{1}{2}\right)=\frac{2}{7}+\frac{1}{7}=\mathbf{\frac{3}{7}}$.

d. $H=\frac{3}{4}-\frac{2}{3}:\left(-\frac{5}{4}\right)=\frac{3}{4}-\frac{2}{3}\times\left(-\frac{4}{5}\right)=\frac{3}{4}+\frac{8}{15}$

$=\frac{45}{60}+\frac{32}{60}=\mathbf{\frac{77}{60}}$.

e. $I=\frac{3}{4}\times\frac{5}{3}+\frac{5}{4}\times\frac{4}{7}=\frac{5}{4}+\frac{5}{7}=\frac{35}{28}+\frac{20}{28}=\mathbf{\frac{55}{28}}$.

f. $J=\left(-\frac{5}{4}\right)\times\frac{7}{4}-\frac{5}{2}\times\left(-\frac{7}{2}\right)=-\frac{35}{16}+\frac{35}{4}$

$=-\frac{35}{16}+\frac{140}{16}=\mathbf{\frac{105}{16}}$.

Comparaison de nombres relatifs

Je retiens le cours

1 Comparer des nombres décimaux relatifs

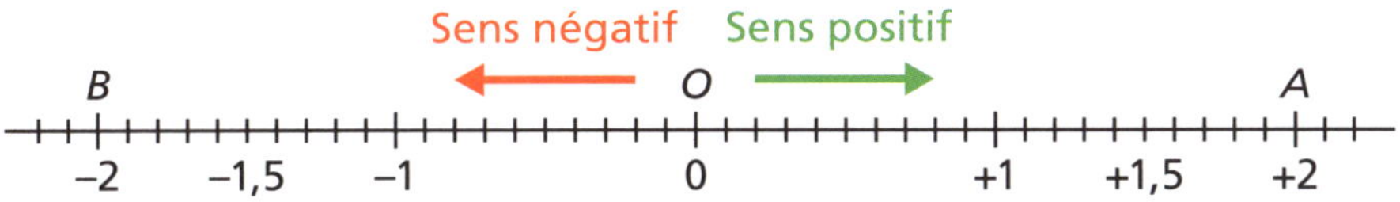

▸ Le point *A* a pour abscisse* +2; il est à 2 unités de l'origine et, de *O* à *A*, on va dans le **sens positif**. Le point *B* a pour abscisse –2, il est à 2 unités de l'origine et, de *O* à *B*, on va dans le **sens négatif**. Les points *A* et *B* sont symétriques par rapport à *O*; leurs abscisses sont des **nombres opposés**. 0 est à la fois positif et négatif.

▸ Sur la droite graduée ci-dessus, lorsqu'on lit les abscisses dans le sens positif (de la gauche vers la droite), les nombres sont rangés par **ordre croissant***.

$$-2 < -1{,}5 < -1 < 0 < +1 < +1{,}5 < +2.$$

En sens contraire, les nombres sont rangés par **ordre décroissant***.

$$+2 > +1{,}5 > +1 > 0 > -1 > -1{,}5 > -2.$$

▸ Des nombres négatifs sont rangés dans l'ordre contraire de leurs opposés.

On a : $1 < 1{,}5 < 2$; d'où : $-1 > -1{,}5 > -2$, soit $-2 < -1{,}5 < -1$.

▸ Un nombre négatif est inférieur à un nombre positif.

Ex.: **$-32 < 0{,}7$.**

▸ « Le nombre *a* est strictement négatif » est synonyme de « $a < 0$ ».
« Le nombre *b* est strictement positif » est synonyme de « $b > 0$ ».

Ex.: **–7 est strictement négatif ; on a : $-7 < 0$.**
3,5 est strictement positif ; on a : $3{,}5 > 0$.

Notes

Notes

2 Inégalités (vocabulaire)

▶ $a < b$ est une **inégalité**; a est le premier membre; b est le second membre.

▶ On utilise quatre **signes d'inégalité**:
$a < b$ (strictement inférieur); $a \leqslant b$ (inférieur ou égal);
$a > b$ (strictement supérieur); $a \geqslant b$ (supérieur ou égal).

3 Comparer des nombres en écriture fractionnaire

▶ Deux quotients de décimaux positifs ayant le même dénominateur sont rangés comme leurs numérateurs: $\frac{a}{d}$ et $\frac{b}{d}$ sont rangés comme a et b.

Ex.: $\frac{3}{11} < \frac{7}{11}$ car $3 < 7$; $\frac{2,4}{1,7} > \frac{1,75}{1,7}$ car $2,4 > 1,75$.

▶ Pour comparer des quotients de **décimaux relatifs**, on peut les écrire avec le même dénominateur positif; les quotients sont alors rangés comme leurs **numérateurs**.

Ex.: $\frac{-2,5}{7} < \frac{1,2}{7}$ car $-2,5 < 1,2$; $\frac{-3,8}{1,1} > \frac{-4}{1,1}$ car $-3,8 > -4$.

Je comprends comment faire

▶ Comparer des nombres en écriture fractionnaire

Compare: 1° $\frac{-1,4}{3}$ et $\frac{-0,8}{6}$. 2° $\frac{-3,5}{1,8}$ et $\frac{5}{-0,6}$.

1° Pour comparer $\frac{-1,4}{3}$ et $\frac{-0,8}{6}$, on les écrit avec le même dénominateur positif.

$\frac{-1,4}{3} = \frac{-1,4 \times 2}{3 \times 2} = \frac{-2,8}{6}$; $\frac{-2,8}{6} < \frac{-0,8}{6}$ car $-2,8 < -0,8$.

D'où $\mathbf{\frac{-1,4}{3} < \frac{-0,8}{6}}$.

2° Pour comparer $\frac{-3,5}{1,8}$ et $\frac{5}{-0,6}$, on les écrit avec le même dénominateur positif.

$\frac{5}{-0,6} = \frac{5 \times (-3)}{-0,6 \times (-3)} = \frac{-15}{1,8}$; $\frac{-3,5}{1,8} > \frac{-15}{1,8}$ car $-3,5 > -15$. D'où: $\mathbf{\frac{-3,5}{1,8} > \frac{5}{-0,6}}$.

Je m'entraîne

Corrigés p. 54

Exercice 1

Complète avec $<$ ou $>$.

a. 0 .... –5 ; 0 .... 7 ; –5,2 .... 0 ; 0,32 .... 0.

b. 12 .... 17 ; –12 .... 17 ; 12 .... –17 ; –12 .... –17.

c. 3,2 .... –1,4 ; –7,5 .... –4 ; –1,2 .... –2,5.

d. 4,21 .... 4,2 ; –3,15 .... –2,1 ; –6,125 .... 5,18.

e. 7,251 .... 7,521 ; –3,02 .... –3,2 ; –0,0035 .... –0,035.

Exercice 2

Le tableau ci-dessous donne les températures minimales et maximales relevées en hiver dans cinq villes des Alpes.

	Température relevée sous abri	
Ville	**Minimale (° Celsius)**	**Maximale (° Celsius)**
Albertville	+ 2	+ 10
Briançon	– 9	– 2
Chamonix	– 12	– 6
Digne	– 5	+ 4
Évian	+ 6	+ 9

a. **Range par ordre croissant les températures minimales.**

....

b. **Range par ordre décroissant les températures maximales.**

....

c. Pour Albertville, l'écart de température (maximale – minimale) est égal à +8 car (+10) – (+2) = (+10) + (–2) = + 8.

Range les villes du tableau d'après les écarts de température (ordre croissant).

....

Brouillon

Brouillon

Exercice 3

Complète avec < ou >.

a. $\frac{2,1}{3,2}$ ………… $\frac{2,09}{3,2}$; $\frac{0,7}{1,5}$ ………… $\frac{0,07}{1,5}$; $\frac{12,4}{5,7}$ ………… $\frac{13,2}{5,7}$.

b. $\frac{7}{6}$ ………… $\frac{5}{3}$; $\frac{7}{18}$ ………… $\frac{4}{9}$; $\frac{8}{15}$ ………… $\frac{13}{30}$.

Exercice 4

Écris les quotients avec le même dénominateur positif, puis compare-les.

a. $\frac{-7}{12}$ et $\frac{-5}{6}$ ……………………………………………………………

……………………………………………………………………………………

b. $\frac{-8}{7}$ et $\frac{15}{-14}$ ……………………………………………………………

……………………………………………………………………………………

c. $-\frac{7}{10}$ et $-\frac{11}{15}$ ……………………………………………………………

……………………………………………………………………………………

d. $\frac{3,5}{-0,9}$ et $\frac{-8}{1,8}$ ……………………………………………………………

……………………………………………………………………………………

e. $\frac{7}{-2,4}$ et $\frac{5}{-1,2}$ ……………………………………………………………

……………………………………………………………………………………

Brouillon

Exercice 5

Pour des nombres strictement positifs,

si $a < b$, alors $\frac{a}{b} < 1$;

si $a > b$, alors $\frac{a}{b} > 1$.

Pour comparer $\frac{2}{3}$ et $\frac{8}{7}$, il suffit de remarquer que

$\frac{2}{3} < 1$ (car $2 < 3$) et $\frac{8}{7} > 1$ (car $8 > 7$);

on a : $\frac{2}{3} < 1 < \frac{8}{7}$, c'est-à-dire $\mathbf{\frac{2}{3} < \frac{8}{7}}$.

Compare de même :

a. $\frac{8}{9}$ et $\frac{9}{8}$ ....

....

b. $\frac{12}{13}$ et $\frac{15}{14}$ ....

....

c. $\frac{2,4}{2,1}$ et $\frac{3,2}{3,3}$ ....

....

Exercice 6

a. **Choisis quatre nombres a tels que $0 < a < 1$.**

$0 <$ .... < 1 ; $0 <$ .... < 1 ; $0 <$ .... < 1 ; $0 <$ .... < 1.

b. **Choisis quatre nombres b tels que $-1 < b < 0$.**

$-1 <$ .... < 0 ; $-1 <$ .... < 0 ; $-1 <$ .... < 0 ; $-1 <$ .... < 0.

c. **Range par ordre croissant les huit nombres que tu as choisis.**

....

....

Corrigés des exercices

Exercice 1

a. $0 > -5$; $0 < 7$; $-5{,}2 < 0$; $0{,}32 > 0$.

b. $12 < 17$; $-12 < 17$; $12 > -17$; $-12 > -17$.

c. $3{,}2 > -1{,}4$; $-7{,}5 < -4$; $-1{,}2 > -2{,}5$.

d. $4{,}21 > 4{,}2$; $-3{,}15 < -2{,}1$; $-6{,}125 < 5{,}18$.

e. $7{,}251 < 7{,}521$; $-3{,}02 > -3{,}2$; $-0{,}0035 > -0{,}035$.

Exercice 2

a. Températures minimales (ordre croissant) : $\mathbf{-12 < -9 < -5 < +2 < +6}$.

b. Températures maximales (ordre décroissant) : $\mathbf{+10 > +9 > +4 > -2 > -5}$.

c. Évian (+ 3) ; Chamonix (+ 6) ; Briançon (+ 7) ; Albertville (+ 8) ; Digne (+ 9).

Exercice 3

a. $\frac{2{,}1}{3{,}2} > \frac{2{,}09}{3{,}2}$; $\frac{0{,}7}{1{,}5} > \frac{0{,}07}{1{,}5}$; $\frac{12{,}4}{5{,}7} < \frac{13{,}2}{5{,}7}$.

b. $\frac{7}{6} < \frac{5}{3}$; $\frac{7}{18} < \frac{4}{9}$; $\frac{8}{15} > \frac{13}{30}$.

Exercice 4

a. $\frac{-7}{12}$ et $\frac{-5}{6}$ soit $\frac{-7}{12}$ et $\frac{-10}{12}$; d'où : $\mathbf{\frac{-7}{12} > \frac{-10}{12}}$ car $-7 > -10$.

b. $\frac{-8}{7}$ et $\frac{15}{-14}$ soit : $\frac{-16}{14}$ et $\frac{-15}{14}$; d'où : $\mathbf{\frac{-16}{14} < \frac{-15}{14}}$ car $-16 < -15$.

c. $-\frac{7}{10}$ et $-\frac{11}{15}$ soit : $\frac{-21}{30}$ et $\frac{-22}{30}$; d'où : $\mathbf{\frac{-21}{30} > \frac{-22}{30}}$ car $-21 > -22$.

d. $\frac{3{,}5}{-0{,}9}$ et $\frac{-8}{1{,}8}$; soit : $\frac{-70}{18}$ et $\frac{-80}{18}$; d'où : $\mathbf{\frac{-70}{18} > \frac{-80}{18}}$ car $-70 > -80$ ou $\mathbf{\frac{-7}{1{,}8} > \frac{-8}{1{,}8}}$.

e. $\frac{7}{-2{,}4}$ et $\frac{5}{-1{,}2}$; soit : $\frac{-70}{24}$ et $\frac{-100}{24}$; d'où : $\mathbf{\frac{-70}{24} > \frac{-100}{24}}$ car $-70 > -100$ ou $\mathbf{\frac{-7}{2{,}4} > \frac{-10}{2{,}4}}$.

Exercice 5

a. $\mathbf{\frac{8}{9} < \frac{9}{8}}$ car $\frac{8}{9} < 1 < \frac{9}{8}$.

b. $\mathbf{\frac{12}{13} < \frac{15}{14}}$ car $\frac{12}{13} < 1 < \frac{15}{14}$.

c. $\mathbf{\frac{2{,}4}{2{,}1} > \frac{3{,}2}{3{,}3}}$ car $\frac{2{,}4}{2{,}1} > 1 > \frac{3{,}2}{3{,}3}$.

Exercice 6

a. Il y a une infinité de nombres entre 0 et 1. Par exemple :
$0 < \mathbf{0{,}2} < 1$; $0 < \mathbf{0{,}4} < 1$; $0 < \mathbf{0{,}6} < 1$; $0 < \mathbf{0{,}7} < 1$.

b. Il y a une infinité de nombres entre –1 et 0. Par exemple :
$-1 < \mathbf{-0{,}9} < 0$; $-1 < \mathbf{-0{,}8} < 0$; $-1 < \mathbf{-0{,}5} < 0$; $-1 < \mathbf{-0{,}3} < 0$.

c. Avec les nombres choisis :
$-1 < \mathbf{-0{,}9 < -0{,}8 < -0{,}5 < -0{,}3 < 0 < 0{,}2 < 0{,}4 < 0{,}6 < 0{,}7} < 1$.

Puissances de 10
Notation scientifique

Notes

Je retiens le cours

1 Puissances de 10

▶ Si n est un entier strictement supérieur à 1, on a :

$$\underbrace{10 \times 10 \times \ldots \times 10}_{n \text{ facteurs}} = 10^n.$$

10^{-n} est l'inverse* de 10^n ; $10^{-n} = \dfrac{1}{10^n}$.

10^3	10^2	10^1	10^0	10^{-1}	10^{-2}	10^{-3}
1 000	100	10	1	0,1	0,01	0,001

▶ On a : $10^n = 10\ldots0$ (n zéros après le 1)
$10^{-n} = 0{,}0\ldots01$ (n zéros avant le 1).

Ex. : **$10^7 = 10\,000\,000$ (7 zéros après le 1).**
$10^{-7} = 0{,}000\,000\,1$ (7 zéros avant le 1).

▶ k et p étant des entiers relatifs, on a :

$10^k \times 10^p = 10^{k+p}$ (on ajoute les exposants) ;

$(10^k)^p = 10^{kp}$ (on multiplie les exposants) ;

$\dfrac{10^k}{10^p} = 10^{k-p}$ (on soustrait les exposants).

2 Notation scientifique d'un décimal relatif

La notation scientifique d'un décimal relatif est de la forme $d \times 10^k$, avec k entier relatif et :

- $1 \leqslant d < 10$ si le nombre est positif.

Ex. : **$0{,}012 = 1{,}2 \times 10^{-2}$.**

- $-10 < d \leqslant -1$ si le nombre est négatif.

Ex. : **$-273 = -2{,}73 \times 10^2$.**

Remarque : le nombre d a toujours un seul chiffre avant la virgule et ce chiffre n'est pas 0.

Notes

Je comprends comment faire

Trouver la notation scientifique d'un nombre (sans calculatrice)

Donne la notation scientifique de :
1° 143,2.   2° 0,047.

La notation scientifique est de la forme $d \times 10^k$.

1° Pour 143,2 le nombre d est 1,432. Par suite : $143{,}2 = 1{,}432 \times 10^k$.
Pour avoir 143,2 à partir de 1,432 il faut déplacer la virgule de deux rangs vers la droite, donc multiplier par 100 ou 10^2.
D'où : $\mathbf{143{,}2 = 1{,}432 \times 10^2}$.

2° Pour 0,047 le nombre d est 4,7. Par suite : $0{,}047 = 4{,}7 \times 10^k$.
Pour avoir 0,047 à partir de 4,7 il faut déplacer la virgule de deux rangs vers la gauche, donc multiplier par 0,01 ou 10^{-2}.
D'où : $\mathbf{0{,}047 = 4{,}7 \times 10^{-2}}$.

Encadrer un nombre par des puissances de 10

Donne un encadrement entre deux puissances de 10 du nombre 8 070 000.

L'écriture scientifique de 8 070 000 est $8{,}07 \times 10^6$.
On a : $1 < 8{,}07 < 10$. On multiplie par 10^6 tous les termes de la double inégalité ; on obtient :
$1 \times 10^6 < 8{,}07 \times 10^6 < 10 \times 10^6$; c'est-à-dire $\mathbf{10^6 < 8\,070\,000 < 10^7}$.

Calculer avec des puissances de 10

Calcule (résultat sous forme d'une puissance de 10) :
1° $10^3 \times 10^4$.   2° $\frac{10^3}{10^5}$.

1° $10^3 \times 10^4 = \underbrace{(10 \times 10 \times 10)}_{\text{3 facteurs}} \times \underbrace{(10 \times 10 \times 10 \times 10)}_{\text{4 facteurs}}$
$= \underbrace{10 \times 10 \times 10 \times 10 \times 10 \times 10 \times 10}_{\text{7 facteurs}} = \mathbf{10^7}$

(On peut aussi appliquer la formule $10^3 \times 10^4 = 10^{3+4} = 10^7$.)

2° $\frac{10^3}{10^5} = \frac{10 \times 10 \times 10}{10 \times 10 \times 10 \times 10 \times 10} = \frac{1}{10 \times 10} = \frac{1}{10^2} = \mathbf{10^{-2}}$

(simplification par $10 \times 10 \times 10$)

(On peut aussi appliquer la formule $\frac{10^3}{10^5} = 10^{3-5} = 10^{-2}$.)

Corrigés p. 60

Je m'entraîne

Brouillon

Exercice 1

a. Écris sous forme de nombre décimal.

10^4 = ...

10^{10} = ...

10^{-5} = ...

10^{-8} = ...

b. Écris sous forme de puissance de 10.

100 000 = ...

1 000 000 = ...

0,000 1 = ...

0,000 000 000 1 = ...

Exercice 2

Calcule (résultat sous forme de puissance de 10).

a. $10^3 \times 10^5$ = ...

....

....

b. $\dfrac{10^5}{10^2}$ = ...

....

....

c. $(10^3)^2$ = ...

....

....

Brouillon

Exercice 3

a. Donne l'écriture décimale.

$351 \times 10^{-4} =$ ....

$27 \times 10^{3} =$ ....

$5{,}43 \times 10^{-2} =$ ....

$5{,}43 \times 10^{2} =$ ....

$1{,}234 \times 10^{-3} =$ ....

$1{,}234 \times 10^{3} =$ ....

b. Donne la notation scientifique.

$325{,}42 =$ ....

$752\,000\,000 =$ ....

$0{,}032 =$ ....

$0{,}000\,45 =$ ....

$-3\,256 =$ ....

$-0{,}002\,35 =$ ....

Exercice 4

a. Coche la bonne réponse.

La notation scientifique de 0,005 67 est :

567×10^{-5}. ☐ $5{,}67 \times 10^{-3}$. ☐

b. Donne un encadrement du nombre 0,005 67 entre deux puissances consécutives de 10.

.... $< 0{,}005\,67 <$ ....

c. Donne de même un encadrement du nombre 125 000 000 entre deux puissances consécutives de 10.

.... $< 125\,000\,000 <$ ....

Exercice 5

La distance d'Uranus au Soleil est d'environ deux mille neuf cent millions de kilomètres. Le diamètre d'un atome d'uranium est d'environ quatre dix-milliardièmes de millimètres.

Donne la notation scientifique de ces deux nombres.

a. Distance d'Uranus au Soleil : ....

....

b. Diamètre d'un atome d'uranium : ....

....

Exercice 6

L'analyse de sang d'une personne indique qu'elle a $4{,}5 \times 10^6$ globules rouges par mm^3 de sang.

On sait que cette personne a environ 5,2 L de sang.

Rappels : $1\ L = 1\ dm^3 = 1\,000\ cm^3 = 1\,000\,000\ mm^3$.

Complète (résultat en notation scientifique).

a. Volume de sang (en mm^3) : ....

....

b. Nombre de globules rouges : ....

....

Brouillon

Corrigés des exercices

Exercice 1

a. $10^4 = \mathbf{10\,000}$; $10^{10} = \mathbf{10\,000\,000\,000}$; $10^{-5} = \mathbf{0{,}000\,01}$; $10^{-8} = \mathbf{0{,}000\,000\,01}$.
b. $100\,000 = \mathbf{10^5}$; $1\,000\,000 = \mathbf{10^6}$; $0{,}000\,1 = \mathbf{10^{-4}}$; $0{,}000\,000\,000\,1 = \mathbf{10^{-10}}$.

Exercice 2

a. $10^3 \times 10^5 = (10 \times 10 \times 10) \times (10 \times 10 \times 10 \times 10 \times 10)$ soit en tout 8 facteurs.
$\mathbf{10^3 \times 10^5 = 10^8}$ (on peut aussi appliquer la formule $10^3 \times 10^5 = 10^{3+5} = 10^8$).

b. $\dfrac{10^5}{10^2} = \dfrac{10 \times 10 \times 10 \times 10 \times 10}{10 \times 10} = 10 \times 10 \times 10 = \mathbf{10^3}$.
après simplification par 10×10

(on peut aussi appliquer la formule $\dfrac{10^5}{10^2} = 10^{5-2} = 10^3$).

c. $(10^3)^2 = 10^3 \times 10^3 = (10 \times 10 \times 10) \times (10 \times 10 \times 10)$ soit en tout 6 facteurs.
$\mathbf{(10^3)^2 = 10^6}$ (on peut aussi appliquer la formule $(10^3)^2 = 10^{3\times 2} = 10^6$).

Exercice 3

a. $351 \times 10^{-4} = \mathbf{0{,}035\,1}$; $27 \times 10^3 = \mathbf{27\,000}$; $5{,}43 \times 10^{-2} = \mathbf{0{,}054\,3}$; $5{,}43 \times 10^2 = \mathbf{543}$;
$1{,}234 \times 10^{-3} = \mathbf{0{,}001\,234}$; $1{,}234 \times 10^3 = \mathbf{1\,234}$.
b. $325{,}42 = \mathbf{3{,}254\,2} \times \mathbf{10^2}$; $752\,000\,000 = \mathbf{7{,}52} \times \mathbf{10^8}$; $0{,}032 = \mathbf{3{,}2} \times \mathbf{10^{-2}}$;
$0{,}000\,45 = \mathbf{4{,}5} \times \mathbf{10^{-4}}$; $-3\,256 = \mathbf{-3{,}256} \times \mathbf{10^3}$; $-0{,}002\,35 = \mathbf{-2{,}35} \times \mathbf{10^{-3}}$.

Exercice 4

a. La notation scientifique de $0{,}005\,67$ est $\mathbf{5{,}67} \times \mathbf{10^{-3}}$.
b. $1 \leqslant 5{,}67 < 10$ donne $1 \times 10^{-3} \leqslant 5{,}67 \times 10^{-3} < 10 \times 10^{-3}$, puis $\mathbf{10^{-3} < 0{,}005\,67 < 10^{-2}}$.
c. $125\,000\,000 = 1{,}25 \times 10^8$; par suite : $\mathbf{10^8} < 125\,000\,000 < \mathbf{10^9}$.

Exercice 5

a. Distance : $2\,900\,000\,000 = \mathbf{2{,}9} \times \mathbf{10^9}$.
b. Diamètre : $0{,}000\,000\,000\,4 = \mathbf{4} \times \mathbf{10^{-10}}$.

Exercice 6

a. Volume de sang : $\mathbf{5{,}2} \times \mathbf{10^6\ mm^3}$
car $5{,}2\ L = 5{,}2\ dm^3 = 5{,}2 \times 10^3\ cm^3 = 5{,}2 \times 10^6\ mm^3$.
b. Nombre de globules rouges : $\mathbf{2{,}34} \times \mathbf{10^{13}}$
car $4{,}5 \times 10^6 \times 5{,}2 \times 10^6 = (4{,}5 \times 5{,}2) \times (10^6 \times 10^6)$
$= 23{,}4 \times 10^{12}$
$= 2{,}34 \times 10^{13}$ (notation scientifique).

Expressions littérales : addition, soustraction, parenthèses

Notes

Je retiens le cours

1 Expression littérale

▸ L'écriture $3x^2 - x + 1$ dans laquelle la lettre x désigne un nombre quelconque (variable) est **une expression littérale**.

▸ Lorsqu'on remplace x par une valeur, on peut effectuer les calculs indiqués et on trouve la valeur numérique correspondante de l'expression littérale.

Ex. : **Pour $x = 2$, l'expression littérale $3x^2 - x + 1$ prend la valeur numérique $3 \times 2^2 - 2 + 1$, soit 11.**

▸ **$+x$** désigne le même nombre que x ;
$-x$ désigne l'opposé de x et $-x$ est aussi égal à **$(-1) \times x$**.
On sait aussi que **$a - b = a +$ (opposé de b) $= a + (-b)$**.

2 Ajouter ou retrancher une somme

▸ Toute suite d'additions et de soustractions peut être considérée comme une somme.

Ex. : **$3x^2 - x + 1 = 3x^2 + (-x) + 1$;
c'est la somme des trois termes : $3x^2$; $-x$ et 1.**

▸ Une somme ne dépend pas de l'ordre des termes.

Ex. : **$3x^2 - x + 1 = 3x^2 + (-x) + 1 = -x + 3x^2 + 1 = -x + 1 + 3x^2$
$= 1 + (-x) + 3x^2$ [ou $1 - x + 3x^2$].**

▸ L'opposé d'une somme s'obtient en remplaçant chaque terme par son opposé.

Ex. : **L'opposé de $3x^2 + (-x) + 1$ est $-3x^2 + x + (-1)$.**

▶ **Pour ajouter une somme** on ajoute successivement chaque terme de la somme.

Ex. : $A = (x^2 - 3) + (2x + 5) = x^2 - 3 + 2x + 5 = x^2 + 2x + 2$.

▶ **Pour retrancher une somme** on ajoute la somme opposée.

Ex. : $B = (x^2 - 3) - (2x + 5) = x^2 - 3 + (-2x - 5) = x^2 - 3 - 2x - 5 = x^2 - 2x - 8$.

Je comprends comment faire

▶ Calculer la valeur numérique d'une expression littérale

Vérifie que $(2x - 3)(x + 1)$ et $2x^2 - x - 3$ prennent la même valeur numérique lorsqu'on remplace x par 10.

Pour calculer la valeur numérique, on remplace x par 10, puis on effectue les calculs.

→ Avec $x = 10$, la valeur numérique de $(2x - 3)(x + 1)$ est **187**, car :

$$(2 \times 10 - 3)(10 + 1) = 17 \times 11 = 187.$$

→ Avec $x = 10$, la valeur numérique de $2x^2 - x - 3$ est **187**, car :

$$2 \times 10^2 - 10 - 3 = 200 - 10 - 3 = 187.$$

▶ Écrire l'opposé d'une expression littérale

Soit $S = 2x^2 - 3x - 4$. Écris l'opposé de cette expression littérale.

$S = 2x^2 - 3x - 4 = 2x^2 + (-3x) + (-4)$; c'est une somme de trois termes.

L'opposé d'une somme s'obtient en remplaçant chaque terme par son opposé.

L'opposé de $2x^2$ est $-2x^2$; l'opposé de $-3x$ est $+3x$;
l'opposé de -4 est $+4$

L'opposé de $2x^2 + (-3x) + (-4)$ est $-2x^2 + (+3x) + (+4)$.

Si on note $-S$ l'opposé de S, on a : $\mathbf{-S = -2x^2 + 3x + 4}$.

▶ Retrancher une expression littérale

Soit $E(x) = 3x^2 - 5x + 4$ et $F(x) = x^2 + x$.
Effectue la différence $E(x) - F(x)$.

On ajoute à $E(x)$ l'opposé de $F(x)$.

L'opposé de $F(x)$ est $-x^2 - x$.

$$\begin{aligned} E(x) - F(x) &= (3x^2 - 5x + 4) - (x^2 + x) = (3x^2 - 5x + 4) + (-x^2 - x) \\ &= 3x^2 + (-5x) + 4 + (-x^2) + (-x) = 3x^2 + (-x^2) + (-5x) + (-x) + 4 \\ &= 2x^2 + (-6x) + 4 = \mathbf{2x^2 - 6x + 4}. \end{aligned}$$

Notes

Corrigés p. 66

Je m'entraîne

Brouillon

Exercice 1

a. Léa a utilisé un tableur pour calculer des valeurs numériques de $f(x)$ avec $f(x) = 5x^2 - 6x$.
(L'écriture $f(x)$ indique que x est la variable.)

	A	B	C	D	E	F	G	H
1	x	–3	–2	–1	0	1	2	3
2	$f(x)$	63	32	11	0	…	…	…

Quelle formule a été saisie dans la cellule B2 pour obtenir 63 ?

....

Complète le tableau (avec ou sans tableur).

b. Léo a utilisé un tableur pour calculer des valeurs numériques de $g(x) = -5x^2 + 6x$.

	A	B	C	D	E	F	G	H
1	x	–3	–2	–1	0	1	2	3
2	$g(x)$	–63	…	…	…	…	…	…

Quelle formule a été saisie dans la cellule B2 pour obtenir –63 ?

....

Complète le tableau (avec ou sans tableur).

Exercice 2

a. **Complète le tableau suivant.**

a	–17	3,2	2,1	–4,5
b	19	–2,4	3,5	–5,2
$a - b$	…	…	…	…
$b - a$	…	…	…	…
$(a - b) + (b - a)$	…	…	…	…

b. **Que peut-on dire des nombres $a - b$ et $b - a$?**

....

Brouillon

Exercice 3

L'expression littérale $4x - 2$ peut être considérée comme la somme des termes $4x$ et -2, car $4x - 2 = 4x + (-2)$.

Montre que chacune des expressions suivantes peut être considérée comme une somme.

a. $A(x) = -5x^2 + 3x - 8$

$A(x) =$ ....

....

b. $B(x) = 7x^3 - 3x^2 - 5x + 7$

$B(x) =$ ....

....

c. $C(x) = -4x^3 - 5x^2 + 6x - 9$

$C(x) =$ ....

....

Exercice 4

$E(x) = (2x^3 - 3x) + (x^2 - 7)$ est une somme de deux expressions littérales.

Pour ajouter la somme $(x^2 - 7)$, on ajoute successivement chaque terme de la somme.

$$E(x) = 2x^3 - 3x + x^2 - 7 = 2x^3 + x^2 - 3x - 7.$$

Écris de même les expressions suivantes sous forme d'une somme sans parenthèses.

a. $F(x) = (4x^2 + 7) + (-x + 4)$

$F(x) =$ ....

....

b. $G(x) = 3x + (4 + 5x^2 - 2x^3)$

$G(x) =$ ....

....

Brouillon

Exercice 5

$E(x) = (2x^3 - 3x) - (x^2 - 7)$ est une différence de deux expressions littérales.

On doit ajouter à la première l'opposé de la seconde.

L'opposé de $x^2 + (-7)$ est $(-x^2) + 7$.

$E(x) = (2x^3 - 3x) + (-x^2 + 7) = 2x^3 - 3x + (-x^2) + 7 = 2x^3 - x^2 - 3x + 7$.

Écris de même les expressions suivantes sous forme d'une somme sans parenthèses.

a. $F(x) = (4x^2 + 7) - (-x + 4)$

$F(x) =$ ....

b. $G(x) = 3x - (4 + 5x^2 - 2x^3)$

$G(x) =$ ....

Exercice 6

$E(x)$, $F(x)$ et $G(x)$ sont trois expressions littérales telles que :
$E(x) = (x^3 - x^2) - (x + 2)$; $F(x) = x^3 - x^2 - x + 2$ et $G(x) = x^3 - x^2 - x - 2$.

a. On note $E(10)$, $F(10)$ et $G(10)$ la valeur numérique obtenue lorsqu'on remplace x par 10 dans chacune de ces expressions.

Calcule.

$E(10) =$ ....

....

$F(10) =$ ....

....

$G(10) =$ ....

....

b. **Explique pourquoi $E(x)$ et $G(x)$ ont la même valeur numérique quelle que soit la valeur choisie pour x.**

....

....

Corrigés des exercices

Exercice 1

a. Dans la cellule **B2**, on a saisi la formule « **=5*B1^2–6*B1** ».

x	–3	–2	–1	0	1	2	3
$f(x)$	63	32	11	0	**–1**	**8**	**27**

b. Dans la cellule **B2**, on a saisi la formule « **=–5*B1^2+6*B1** ».

x	–3	–2	–1	0	1	2	3
$g(x)$	–63	**–32**	**–11**	**0**	**1**	**–8**	**–27**

Exercice 2

a.

a	–17	3,2	2,1	–4,5
b	19	–2,4	3,5	–5,2
$a - b$	**–36**	**5,6**	**–1,4**	**0,7**
$b - a$	**36**	**–5,6**	**1,4**	**–0,7**
$(a - b) + (b - a)$	**0**	**0**	**0**	**0**

b. **Les nombres $a - b$ et $b - a$ sont opposés.**
On a toujours : $a + (-b) + b + (-a) = 0$.

Exercice 3

a. $A(x) = -5x^2 + 3x - 8 = \mathbf{-5x^2 + 3x + (-8)}$.
C'est la somme de trois termes : $-5x^2$; $3x$ et -8.
b. $B(x) = 7x^3 - 3x^2 - 5x + 7 = \mathbf{7x^3 + (-3x^2) + (-5x) + 7}$.
C'est la somme de quatre termes : $7x^3$; $-3x^2$; $-5x$ et 7.
c. $C(x) = -4x^3 - 5x^2 + 6x - 9 = \mathbf{-4x^3 + (-5x^2) + 6x + (-9)}$.
C'est la somme de quatre termes : $-4x^3$; $-5x^2$; $6x$ et -9.

Exercice 4

a. $F(x) = \mathbf{4x^2 + 7 - x + 4}$ ou $4x^2 - x + 11$ après réduction.
b. $G(x) = \mathbf{3x + 4 + 5x^2 - 2x^3}$ ou $-2x^3 + 5x^2 + 3x + 4$.
Il suffit de « supprimer » les parenthèses.

Exercice 5

a. $F(x) = \mathbf{4x^2 + 7 + x + (-4)}$ ou $\mathbf{4x^2 + x + 3}$ après réduction.
b. $G(x) = \mathbf{3x + (-4) + (-5x^2) + 2x^3}$ ou $G(x) = \mathbf{2x^3 - 5x^2 + 3x - 4}$.

Exercice 6

a. $E(10) = (10^3 - 10^2) - (10 + 2) = (1\,000 - 100) - 12 = \mathbf{888}$.
$F(10) = 10^3 - 10^2 - 10 + 2 = 1\,000 - 100 - 10 + 2 = \mathbf{892}$.
$G(10) = 10^3 - 10^2 - 10 - 2 = 1\,000 - 100 - 10 - 2 = \mathbf{888}$.
b. $E(x) = (x^3 - x^2) - (x + 2)$; soustraire $(x + 2)$ c'est ajouter $(-x) + (-2)$.
$E(x) = x^3 - x^2 + (-x) + (-2) = x^3 - x^2 - x - 2 = G(x)$.
Les expressions $E(x)$ et $G(x)$ ont donc la même valeur numérique pour toute valeur de x.

SÉANCE DU ....

Leçon 10

Nombres et calculs

Expressions littérales : factoriser pour réduire

Je retiens le cours

1 Distributivité

▶ La multiplication est distributive par rapport à l'addition.
Cela se traduit par l'égalité : $a(b + c) = ab + ac$.

▶ Quand on utilise l'égalité $a(b + c) = ab + ac$, pour remplacer le produit $a(b + c)$ par la somme $ab + ac$, on dit que l'on développe.

Ex. : $3(x^2 + x) = 3x^2 + 3x$;
$x(2x + 5) = 2x^2 + 5x$.

▶ Quand on utilise l'égalité $ab + ac = a(b + c)$, pour remplacer la somme $ab + ac$ par le produit $a(b + c)$, on dit que l'on factorise (a est le facteur commun).

Ex. : $9x + 4x = (9 + 4)x = 13x$. (x est le facteur commun).

2 Factoriser pour réduire

▶ On utilise uniquement la distributivité pour factoriser.

Ex. : $4x + 2x = (4 + 2)x = 6x$;
$7x - 5x = 7x + (-5)x = [7 + (-5)]x = 2x$;
$4x^2 - x^2 = 4x^2 + (-1)x^2 = [4 + (-1)]x^2 = 3x^2$.

▶ On fait d'abord des regroupements avant de factoriser.

Ex. : $S = 2x^2 + 3x + 7 + (-7)x^2 + (-5)$
$= [2x^2 + (-7)x^2] + 3x + [7 + (-5)]$
$= [2 + (-7)]x^2 + 3x + 2$
$= -5x^2 + 3x + 2$.

(Somme réduite et ordonnée suivant les puissances décroissantes de x.)

Notes

Je comprends comment faire

Notes

Utiliser un programme de calcul

Voici deux programmes de calcul :

Programme A
- Prendre un nombre.
- Lui ajouter 3.
- Multiplier le résultat par le nombre de départ.

Programme B
- Prendre un nombre.
- L'élever au carré.
- Ajouter le triple du nombre de départ.

1° Léa a choisi le nombre 100. Quel est le résultat final avec chacun des programmes ?

2° Léo affirme que l'on va toujours avoir le même résultat. A-t-il raison ?

1° Léa a trouvé successivement : **100 ; 103 ; 10 300 en suivant le programme A** et **100 ; 10 000 ; 10 300 en suivant le programme B.**

2° **Léo a raison.** Si on appelle a le nombre de départ, on a successivement :

– avec le programme A : a ; $a + 3$; $a(a + 3)$;

– avec le programme B : a ; a^2 ; $a^2 + 3a$.

En développant $a(a + 3)$, on obtient $a^2 + 3a$; **l'égalité est vraie quel que soit le nombre de départ a.**

Réduire une expression littérale à une variable et tester le résultat

Réduis l'expression littérale A telle que :

$$A = 3x^2 + (5x - 7) - (x^2 - 8x + 1).$$

Ajouter $5x - 7$, c'est ajouter $5x$ et ajouter -7.

Soustraire $x^2 - 8x + 1$, c'est ajouter $-x^2$, ajouter $8x$ et ajouter -1.

Par suite : $A = 3x^2 + 5x + (-7) + (-x^2) + 8x + (-1)$.

On modifie l'ordre des termes : $A = 3x^2 + (-x^2) + 5x + 8x + (-7) + (-1)$.

On réduit :

$3x^2 + (-x^2) = [3 + (-1)]x^2 = 2x^2$;

$5x + 8x = (5 + 8)x = 13x$.

D'où : $\mathbf{A = 2x^2 + 13x - 8}$.

On peut tester le résultat en remplaçant x par une valeur numérique ($x = 10$ par exemple) :

– dans l'expression initiale : $A(10) = 300 + 43 - 21 = \mathbf{322}$;

– dans l'expression finale : $A(10) = 200 + 130 - 8 = \mathbf{322}$.

Corrigés p. 72

Je m'entraîne

Brouillon

Exercice 1

Réduis chacune des expressions littérales suivantes.

a. $5x + 12x =$ ....

b. $-7{,}2x + 1{,}8x =$ ....

c. $4x^2 - 7x^2 =$ ....

d. $3{,}2x^3 + x^3 =$ ....

e. $5x^3 - 6x^3 =$ ....

Exercice 2

a. Soit $A = (4x^2 - 7) + (6x^2 + 12)$.

Réduis *A* à une somme de deux termes, puis teste l'égalité avec $x = 10$ (voir «*Je comprends comment faire*» p. 68).

$A =$ ....

....

Avec $x = 10$, on a :

– dans l'expression initiale : $A =$ ....

– dans l'expression finale : $A =$ ....

b. **Fais de même pour *B* tel que :**

$\boldsymbol{B = (-7x^2 + 4x - 3) + (3x^2 - 5x - 7)}$.

$B =$ ....

....

Avec $x = 10$, on a :

– dans l'expression initiale : $B =$ ....

– dans l'expression finale : $B =$ ....

Exercice 3

a. Soit $A = (-7x^2 + 4x) - (2x^2 - 5x)$.

Réduis A à une somme de deux termes, puis teste le résultat avec $x = 10$ (voir «*Je comprends comment faire*» p. 68).

$A =$ ……………………………………………………………………………………

……………………………………………………………………………………………

Avec $x = 10$, on a : $A =$ ………………………………………………………

b. **Fais de même pour B tel que :**

$\mathbf{B = (-4x^2 - 5x - 8) - (7x^2 - 3x + 6)}$.

$B =$ ……………………………………………………………………………………

……………………………………………………………………………………………

Avec $x = 10$, on a : $B =$ ………………………………………………………

Exercice 4

On applique le programme de calcul suivant.

- Prendre un nombre.
- Lui ajouter 3.
- Multiplier le résultat par le nombre choisi.
- Retrancher du résultat le carré du nombre de départ.

a. **Complète le tableau suivant.**

Nombre choisi	2	–2	5	–5	7	–7
Résultat final	…	…	…	…	…	…

b. **Explique pourquoi on trouve toujours le triple du nombre choisi au départ.**

……………………………………………………………………………………………

……………………………………………………………………………………………

……………………………………………………………………………………………

……………………………………………………………………………………………

Brouillon

Brouillon

Exercice 5

Soit $E(x) = (5x + 7) - (3x + 4)$ une expression littérale.

a. **Réduis cette expression littérale.**

$E(x) =$ ....

b. **Teste le résultat** obtenu avec $x = 10$, avec $x = 2$ ou avec une valeur de ton choix.

....

....

....

c. Suivant la valeur attribuée à la variable x, $E(x)$ peut prendre diverses valeurs.

Complète le tableau suivant :

Valeur de x	–4	–3	–2	–1	0	1	2
Valeur de $E(x)$	–5	…	…	…	…	…	…

d. On peut conjecturer qu'il existe une valeur de x comprise entre –2 et –1 pour laquelle $E(x)$ prend la valeur 0.

Complète le tableau suivant :

Valeur de x	–1,8	–1,7	–1,6	–1,5	–1,4	–1,3	–1,2
Valeur de $E(x)$	–0,6	…	…	…	…	…	…

Le nombre pour lequel E(x) prend la valeur 0 est solution de l'équation $E(x) = 0$ (voir leçon 13).

Quelle est cette solution ?

....

Corrigés des exercices

Exercice 1

a. $5x + 12x = (5 + 12)x = \mathbf{17x}$.
b. $-7{,}2x + 1{,}8x = (-7{,}2 + 1{,}8)x = \mathbf{-5{,}4x}$.
c. $4x^2 - 7x^2 = (4 - 7)x^2 = \mathbf{-3x^2}$.
d. $3{,}2x^3 + x^3 = 3{,}2x^3 + 1x^3 = (3{,}2 + 1)x^3 = \mathbf{4{,}2x^3}$.
e. $5x^3 - 6x^3 = 5x^3 + (-6x^3) = [5 + (-6)]x^3 = \mathbf{-x^3}$.

Exercice 2

a. $A = 4x^2 - 7 + 6x^2 + 12 = \mathbf{10x^2 + 5}$.
Avec $x = 10$, on a : **393 + 612 = 1005** et **1000 + 5 = 1005**.
b. $B = -7x^2 + 4x - 3 + 3x^2 - 5x - 7 = \mathbf{-4x^2 - x - 10}$.
Avec $x = 10$, on obtient **–420** dans l'expression initiale et dans le résultat final.

Exercice 3

a. $A = (-7x^2 + 4x) - (2x^2 - 5x) = -7x^2 + 4x - 2x^2 + 5x$; $\mathbf{A = -9x^2 + 9x}$.
Avec $x = 10$, on obtient –810 dans l'expression initiale et dans le résultat final.
b. $B = (-4x^2 - 5x - 8) - (7x^2 - 3x + 6)$
$B = -4x^2 - 5x - 8 - 7x^2 + 3x - 6 = \mathbf{-11x^2 - 2x - 14}$.
Avec $x = 10$, on obtient –1 134 dans l'expression initiale et dans le résultat final.

Exercice 4

a.

Nombre choisi	2	–2	5	–5	7	–7
Résultat final	**6**	**–6**	**15**	**–15**	**21**	**–21**

b. Si on appelle a le nombre choisi au départ, on a :

$$a \rightarrow a + 3 \rightarrow a(a + 3) \rightarrow a(a + 3) - a^2.$$

En développant et en réduisant le résultat final, on obtient $3a$ car :

$$a(a + 3) - a^2 = a^2 + 3a - a^2 = 3a.$$

Le résultat est donc le triple du nombre choisi au départ.

Exercice 5

a. $E(x) = 5x + 7 - 3x - 4 = \mathbf{2x + 3}$ après réduction.
b. Avec $x = 10$ on trouve $E(10) = 23$ dans l'expression initiale et dans l'expression réduite. Avec $x = -10$, on trouve $E(-10) = -17$ dans l'expression initiale et dans l'expression réduite. On trouve le même résultat quelle que soit la valeur choisie : $5x + 7 - 3x - 4 = 2x + 3$ est une **identité**.

c.

Valeur de x	–4	–3	–2	–1	0	1	2
Valeur de $E(x)$	–5	**–3**	**–1**	**1**	**3**	**5**	**7**

d.

Valeur de x	–1,8	–1,7	–1,6	–1,5	–1,4	–1,3	–1,2
Valeur de $E(x)$	–0,6	**–0,4**	**–0,2**	**0**	**0,2**	**0,4**	**0,6**

–1,5 est solution de l'équation $2x + 3 = 0$.

Expressions littérales : développer ou factoriser

Notes

Je retiens le cours

1 Règle des signes

▸ $+a$ désigne le nombre a (il peut être positif ou négatif).
$-b$ désigne l'opposé du nombre b (il peut être positif ou négatif).

▸ Selon la **règle des signes** :

$(+a) \times (+b) = +ab$ (ou ab). $(-a) \times (-b) = +ab$ (ou ab).

$(+a) \times (-b) = -ab$. $(-a) \times (+b) = -ab$.

2 Puissance d'exposant positif

a est un nombre relatif ; ***n*** est un entier naturel (entier positif).
a^n est une **puissance de *a*** ; ***n*** est l'**exposant**.

- Si $n \geqslant 2$, $a^n = a \times \ldots \times a$ (n facteurs)
  Si $n = 1$, $a^1 = a$. Si $n = 0$ et $a \neq 0$, $a^0 = 1$.
- Une puissance de a est toujours positive, sauf si le nombre a est négatif et l'exposant n impair.
- Pour multiplier deux puissances du même nombre **a**, on peut revenir à la définition ou utiliser la règle $a^n \times a^m = a^{n+m}$.

Ex. **:** $(-5)^2 \times (-5)^4 = (-5) \times (-5) \times (-5) \times (-5) \times (-5) \times (-5) = (-5)^6$.
$(-5)^8 \times (-5)^{12} = (-5)^{20}$ **(car 8 + 12 = 20 ; soit 20 facteurs).**

3 Développer

La multiplication est distributive par rapport à l'addition.

Pour multiplier une somme par un nombre (ou un nombre par une somme), on multiplie chaque terme de la somme par le nombre et l'on ajoute les produits obtenus.

$$a(b + c) = ab + ac$$

$$a(b + c + d) = ab + ac + ad$$

On remplace un produit par une somme, on dit que l'on développe.

Ex. **:** $9(-5 + 3x) = -45 + 27x$; $-7(x^2 + 3x - 5) = -7x^2 - 21x + 35$.

4 Factoriser

Quand on utilise une égalité de la forme
$ab + ac = a(b + c)$

ou

$ab + ac + ad = a(b + c + d)$,
on remplace une somme par un produit; on dit que l'on factorise.
Le nombre a est le **facteur commun**.

Ex.: $2x + 2y = 2(x + y)$;
$-7x + 14 = (-7) \times x + (-7) \times (-2) = (-7)[x + (-2)] = -7(x - 2)$.

Je comprends comment faire

Développer une expression littérale

Développe chacune des expressions littérales.
1° $x^2(x^3 + 5)$.
2° $-3x(3x^2 - 5x + 8)$.

1° On sait que $a(b + c) = ab + ac$.
Ici: $a = x^2$, $b = x^3$ et $c = 5$.
$x^2(x^3 + 5) = x^2 \times x^3 + x^2 \times 5 = \mathbf{x^5 + 5x^2}$.
2° On sait que $a(b + c + d) = ab + ac + ad$.
Ici: $a = -3x$; $b = 3x^2$; $c = -5x$ et $d = +8$.
$-3x(3x^2 - 5x + 8) = -3x \times 3x^2 + (-3x) \times (-5x) + (-3x) \times 8$.
$= \mathbf{-9x^3 + 15x^2 - 24x}$.

Factoriser une expression littérale

Factorise chacune des expressions littérales.
1° $24x - 32$; $7x^2 - 5x$.
2° $18x^2 + 12x$; $25x^3 - x$.

1° On sait que $ab + ac = a(b + c)$; a est le facteur commun.
On doit mettre en évidence un facteur commun.
$24x - 32 = 8 \times (3x) + 8 \times (-4) = 8 \times [(3x) + (-4)] = \mathbf{8(3x - 4)}$.
$7x^2 - 5x = x \times 7x + x \times (-5) = x \times [7x + (-5)] = \mathbf{x(7x - 5)}$.
2° $18x^2 + 12x = 6x \times 3x + 6x \times 2 = \mathbf{6x(3x + 2)}$.
$25x^3 - x = x \times 25x^2 + x \times (-1) = x \times [25x^2 + (-1)] = \mathbf{x(25x^2 - 1)}$.

Notes

Je m'entraîne

Corrigés p. 78

Brouillon

Exercice 1

Développe chaque produit, puis teste l'identité obtenue en remplaçant x par 10.

a. $-6(x + 3) =$ ....

Avec $x = 10$, on a : ....

b. $x^2(x - 4) =$ ....

Avec $x = 10$, on a : ....

c. $2x(x^2 - 4x + 3) =$ ....

Avec $x = 10$, on a : ....

d. $x^2(6 + 4x - 5x^2) =$ ....

Avec $x = 10$, on a : ....

e. $4x^3(-2x^2 + 3x - 8) =$ ....

Avec $x = 10$, on a : ....

Exercice 2

Factorise chaque somme, puis teste l'identité obtenue en remplaçant x par 10.

a. $7x + 21 =$ ....

Avec $x = 10$, on a : ....

b. $3x^2 - 4x =$ ....

Avec $x = 10$, on a : ....

c. $2x^3 + 3x^2 =$ ....

Avec $x = 10$, on a : ....

d. $5x^3 - 4x^2 + 3x =$ ....

Avec $x = 10$, on a : ....

e. $35x^3 + 42x^2 - 14x =$ ....

Avec $x = 10$, on a : ....

Brouillon

Exercice 3

On a trois expressions littérales :
$f(x) = x^2(2x + 3)$; $g(x) = x(2x^2 + 3)$ et $h(x) = 2x^3 + 3x^2$.
On a calculé des valeurs numériques avec un tableur.

	A	B	C	D	E	F
1	x	–3	–2	0	1	3
2	$f(x)$	–27	–4	...	...	...
3	$g(x)$	–63	–22	...	...	...
4	$h(x)$	–27	–4	...	...	...

a. Quelles formules a-t-on saisies dans les cellules B2, B3 et B4, puis étirées vers la droite ?

....

....

....

b. Complète les colonnes E et F (avec ou sans tableur).

c. Coche la bonne réponse, puis justifie ta réponse.

– Pour toute valeur de x, on a $f(x) = g(x)$.

Vrai ☐ Faux ☐

....

....

– Pour toute valeur de x, on a $f(x) = h(x)$.

Vrai ☐ Faux ☐

....

....

– Il existe au moins une valeur de x telle que $f(x) = g(x)$.

Vrai ☐ Faux ☐

....

....

Brouillon

Exercice 4

Voici deux programmes de calcul :

Programme A
- Prendre un nombre
- Lui ajouter 2
- Multiplier le résultat par 3
- Ajouter au résultat le double du nombre de départ
- Afficher le résultat

Programme B
- Prendre un nombre
- Lui ajouter 3
- Multiplier le résultat par 2
- Ajouter au résultat le triple du nombre de départ
- Afficher le résultat

a. **Quel nombre obtient-on avec chacun de ces programmes si on choisit 10 comme nombre de départ ?**

Programme A : ....

Programme B : ....

b. **Quel nombre obtient-on avec chacun de ces programmes si on choisit –10 comme nombre de départ ?**

Programme A : ....

Programme B : ....

c. Clara affirme que les deux programmes donnent toujours le même résultat. Lucas affirme que cela est faux.
Qui a raison ?

....

....

....

....

Corrigés des exercices

Exercice 1

a. $-6(x + 3) = -6x - 18$.
Avec $x = 10$, on a : $-6 \times 13 = -60 - 18$ (égalité : $-78 = -78$).
b. $x^2(x - 4) = x^3 - 4x^2$.
Avec $x = 10$, on a : $100 \times 6 = 1000 - 400$ (égalité : $600 = 600$).
c. $2x(x^2 - 4x + 3) = 2x^3 - 8x^2 + 6x$.
Avec $x = 10$, on a : $20 \times 63 = 2000 - 800 + 60$ (égalité : $1260 = 1260$).
d. $x^2(6 + 4x - 5x^2) = 6x^2 + 4x^3 - 5x^4$.
Avec $x = 10$, on a : $100 \times (-454) = 600 + 4000 - 50000$ ($-45400 = -45400$).
e. $4x^3(-2x^2 + 3x - 8) = -8x^5 + 12x^4 - 32x^3$.
Avec $x = 10$, on a : $4000 \times (-178) = -800000 + 120000 - 32000$
(égalité : $-712000 = -712000$).

Exercice 2

a. $7x + 21 = 7(x + 3)$.
Avec $x = 10$, on a : **$70 + 21 = 7 \times 13$** (égalité : $91 = 91$).
b. $3x^2 - 4x = x(3x - 4)$.
Avec $x = 10$, on a : **$300 - 40 = 10 \times 26$** (égalité : $260 = 260$).
c. $2x^3 + 3x^2 = x^2(2x + 3)$.
Avec $x = 10$, on a : **$2000 + 300 = 100 \times 23$** (égalité : $2300 = 2300$).
d. $5x^3 - 4x^2 + 3x = x(5x^2 - 4x + 3)$.
Avec $x = 10$, on a : $5000 - 400 + 30 = 10 \times$ **463** (égalité : $4630 = 4630$).
e. $35x^3 + 42x^2 - 14x = 7x(5x^2 + 6x - 2)$.
Avec $x = 10$, on a : **$35000 + 4200 - 140 = 70 \times 558$** (égalité : $39060 = 39060$).

Exercice 3

a. Cellule B2 : **=B1^2*(2*B1+3)**; cellule B3 : **=B1*(2*B1^2+3)**;
Cellule B4 : **=2*B1^3+3*B1^2.**
b. **Colonne E : $f(1) = 5$; $g(1) = 5$; $h(1) = 5$.**
Colonne F : $f(3) = 81$; $g(3) = 63$; $h(3) = 81$.
c. **Faux** car $f(3) = 81$ et $g(3) = 63$; par suite : **$f(3) \neq g(3)$.**
Vrai car si on développe on a : $x^2(2x + 3) = 2x^3 + 3x^2$; **$f(x) = g(x)$ est une identité.**
Vrai car **$f(1) = g(1) = 5$.**

Exercice 4

a. Programme A : **56** ; Programme B : **56**.
b. Programme A : **– 44** ; Programme B : **– 44**.
c. **Clara a raison,** les deux programmes donnent toujours le même résultat.
Si on appelle x le nombre de départ on a :
– programme A : $x \rightarrow x + 2 \rightarrow 3(x + 2) \rightarrow 3(x + 2) + 2x$ soit **$5x + 6$ après réduction.**
– programme B : $x \rightarrow x + 3 \rightarrow 2(x + 3) \rightarrow 2(x + 3) + 3x$ soit **$5x + 6$ après réduction.**

Expressions littérales : programme de calcul et algorithme

Je retiens le cours

1 Programme de calcul

▶ Dans un programme de calcul, on doit choisir un nombre (c'est la variable), puis effectuer dans un ordre donné des opérations à partir de ce nombre jusqu'à obtenir le résultat attendu.

Ex. : • Choisir un nombre.
• Lui ajouter 2.
• Élever le nombre obtenu au carré.

Si on choisit le nombre 10, ce programme donne successivement : $10 \rightarrow 12 \rightarrow 144$.

▶ Dans le **langage mathématique**, le nombre variable est souvent noté x.

Le programme ci-dessus est associé à la fonction numérique notée $x \mapsto (x+2)^2$.

On lit : « x **a pour image** $(x+2)^2$ ».

2 Algorithme

▶ Un algorithme indique, dans un ordre précis, des calculs à effectuer pour obtenir un résultat à partir de nombres choisis.

▶ Plus généralement, un algorithme indique des **actions** à effectuer dans un ordre précis pour résoudre un problème.

▶ On peut présenter un programme sous forme d'un **algorithme**.

▶ L'écriture, à partir de l'algorithme, d'un **programme informatique** permet de résoudre un problème à l'aide d'un ordinateur.

Notes

Je comprends comment faire

Comparer l'équivalence de deux programmes de calcul

On propose les deux programmes de calcul suivants :

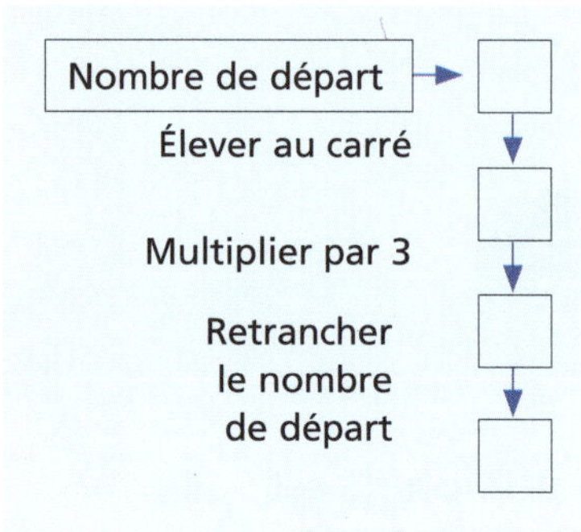

Programme A

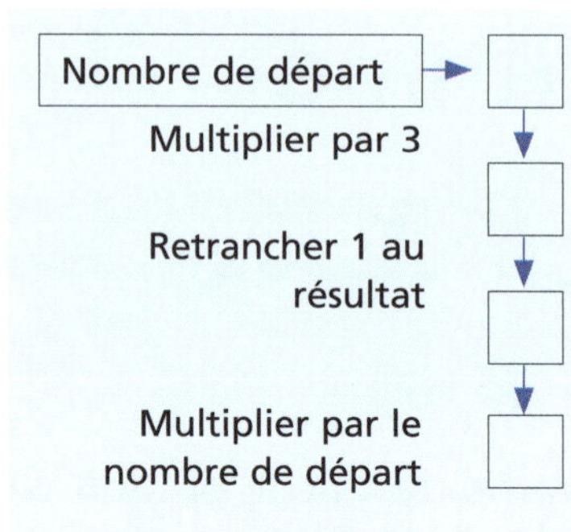

Programme B

1° Montre que si on choisit 10 comme nombre de départ, les deux programmes donnent 290 comme résultat.
Choisir trois valeurs pour le nombre de départ.
Montre que les deux programmes donnent le même résultat pour chacune des valeurs que tu as choisies.

2° Après avoir utilisé ces programmes avec différentes valeurs de la variable, on peut conjecturer que ces deux programmes donnent toujours le même résultat.
Explique pourquoi cela est toujours vrai.

1° Programme A : on obtient 10 → 100 → 300 → **290**.
Programme B : 10 → 30 → 29 → **290**.

• Si on choisit 2 on obtient :
2 → 4 → 12 → **10** avec le programme A
et 2 → 6 → 5 → **10** avec le programme B.

• Si on choisit –5 on obtient :
–5 → 25 → 75 → **80** avec le programme A
et –5 → –15 → –16 → **80** avec le programme B.

• Si on choisit –10 on obtient :
–10 → 100 → 300 → **310** avec le programme A
et –10 → –30 → –31 → **310** avec le programme B.

2° **C'est toujours vrai.**
Si on appelle x le nombre de départ, on obtient :
Programme A : $x \rightarrow x^2 \rightarrow 3x^2 \rightarrow 3x^2 - x$.
Programme B : $x \rightarrow 3x \rightarrow 3x - 1 \rightarrow x(3x - 1)$ soit $3x^2 - x$, après avoir développé.

Notes

Corrigés p. 84

Je m'entraîne

Brouillon

Exercice 1

a. **Calcule la valeur numérique de l'expression $2x^2 - 2x$ pour tous les nombres entiers de –3 à +3 et complète le tableau.**

x	–3	–2	–1	0	1	2	3
$2x^2 - 2x$	...	...	...	...	...	...	...

....

....

b. **Vérifie que les programmes de calcul suivants donnent les mêmes valeurs numériques qu'à la question a.**

Programme long :
- Choisir un nombre.
- L'élever au carré.
- Calculer le double du nombre obtenu.
- Retrancher de ce résultat le double du nombre initial.

....

....

....

....

Programme court :
- Choisir un nombre.
- Retrancher 1 au nombre choisi.
- Multiplier le résultat par le double du nombre initial.

....

....

....

....

Brouillo

Exercice 2

On considère le programme de calcul suivant.
- Choisir un nombre.
- Le multiplier par 2.
- Ajouter 5 au nombre obtenu.

a. Quel est le résultat final si on a choisi le nombre 12 ?

....

b. Quel était le nombre de départ si on a obtenu 12 ?

....

....

Trouver ce nombre revient à résoudre une équation.
Indique laquelle et justifie ta réponse.

$2x + 5 = 12$ ☐ $(x - 5) : 2 = 12$ ☐

....

....

Exercice 3

a. Complète le tableau ci-dessous en appliquant le programme ci-contre.

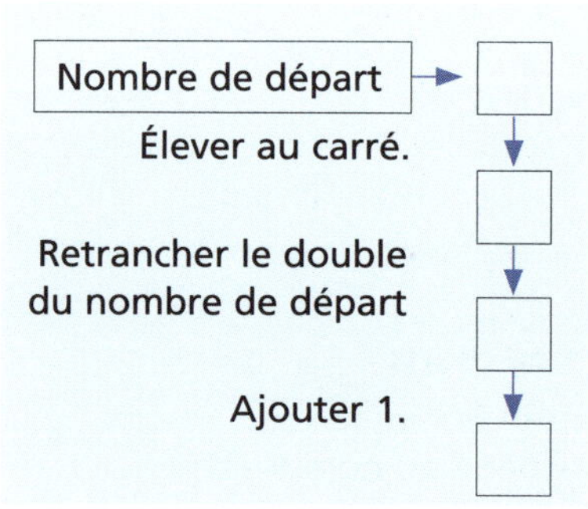

Complète le tableau.

Variable	–3	–2	–1	0	1	2	3	4
Résultat	...	...	...	...	...	...	...	...

b. Vérifie que ces résultats peuvent être obtenus en élevant au carré le nombre de départ diminué de 1.

....

Brouillon

Exercice 4

On considère le programme de calcul suivant.
- Choisir un nombre.
- Le multiplier par 0,05.
- Ajouter le résultat au nombre choisi.
- Écrire le résultat.

a. Un épargnant place pendant un an un capital de 2800 € au taux de 5 %.

En utilisant le programme de calcul ci-dessus, calcule le capital au bout d'une année.

Nombre choisi : ....

Résultat final : ....

b. Cet épargnant place ensuite pendant une deuxième année au même taux de 5 % son nouveau capital (capital initial + intérêt de la première année).

En utilisant le programme de calcul ci-dessus, calcule le capital au bout de la deuxième année.

Nombre choisi : ....

Résultat final : ....

c. Cet épargnant place ensuite pendant un an au même taux de 5 % son nouveau capital (capital en fin de première année + intérêt de la deuxième année).

En utilisant le programme de calcul ci-dessus, calcule le capital au bout de la troisième année.

Nombre choisi : ....

Résultat final : ....

d. **Coche la bonne réponse et justifie ta réponse.**

Le capital après trois ans de placement peut se calculer à partir du capital initial :

☐ en multiplier le capital initial par 1,05.
☐ en multipliant le capital initial par $1{,}05^2$.
☐ en multipliant le capital initial par $1{,}05^3$.

....

Corrigés des exercices

Exercice 1

a. Respectivement : **24 ; 12 ; 4 ; 0 ; 0 ; 4 ; 12**.

b. Si on appelle x le nombre choisi :

Programme long : $x \rightarrow x^2 \rightarrow 2x^2 \rightarrow 2x^2 - 2x$.

Programme court : $x \rightarrow x - 1 \rightarrow 2x(x - 1)$.

En développant, on obtient : $\mathbf{2x(x - 1) = 2x^2 - 2x}$.

Les deux programmes donnent donc le même résultat pour toute valeur de la variable.

Exercice 2

a. Avec $x = 12$, on a : $\mathbf{12 \rightarrow 24 \rightarrow 29}$.

b. On doit soustraire 5, puis diviser par 2.

L'antécédent de 12 est 3,5 car $(12 - 5) : 2 = 3{,}5$.

Trouver ce nombre revient à résoudre l'équation $\mathbf{2x + 5 = 12}$.

On a : $2x = 12 - 5$; $2x = 7$; $x = 7 : 2$; $x = 3{,}5$.

Exercice 3

a. Si x est le nombre de départ, on a :

$x \rightarrow x^2 \rightarrow x^2 - 2x \rightarrow x^2 - 2x + 1$.

Variable	–3	–2	–1	0	1	2	3	4
Résultat	16	9	4	1	0	1	4	9

b. $(-3 - 1)^2 = \mathbf{16}$; $(-2 - 1)^2 = \mathbf{9}$; $(-1 - 1)^2 = \mathbf{4}$; $(0 - 1)^2 = \mathbf{1}$;
$(1 - 1)^2 = \mathbf{0}$; $(2 - 1)^2 = \mathbf{1}$; $(3 - 1)^2 = \mathbf{4}$; $(4 - 1)^2 = \mathbf{9}$.

Exercice 4

a. Nombre choisi : 2800 ; on a successivement $2800 \rightarrow 140 \rightarrow 2940$.

Résultat final : 2940.

Au bout d'un an son capital est de 2940 €.

b. Nombre choisi : 2940 ; on a successivement $2940 \rightarrow 147 \rightarrow 3087$.

Résultat final : 3087.

Au bout de deux ans son capital est de 3087 €.

c. Nombre choisi : 3087 ; on a : $3087 \rightarrow 154{,}35 \rightarrow 3241{,}35$.

Résultat final : 3241,35.

Au bout de trois ans son capital est de 3241,35 €.

d. Le capital après trois ans de placement peut se calculer **en multipliant le capital initial par $1{,}05^3$** car :

$2800 \times 1{,}05 = 2940$; $2800 \times 1{,}05^2 = 3087$; $\mathbf{2800 \times 1{,}05^3 = 3241{,}35}$.

NB : on peut programmer un ordinateur (boucle informatique) pour calculer le capital au bout de *n* années.

Mettre en équation et résoudre un problème

Notes

Je retiens le cours

1 Équation du premier degré à une inconnue

▸ Une équation du premier degré à une inconnue x est une équation qui, après transformations, s'écrit sous la forme $ax = b$.
Les nombres a et b sont connus, le nombre x est **l'inconnue**.
Si a est différent de zéro, l'équation $ax = b$ a pour solution $\frac{b}{a}$.

▸ Les transformations permises pour arriver à la forme $ax = b$ sont:
– modifier l'écriture des deux membres en développant et en réduisant;
– ajouter un même nombre ou une même expression contenant x aux deux membres;
– multiplier les deux membres par un même nombre non nul.

Ex.: **Pour résoudre l'équation $4x + 5 = 7$:**
- **on ajoute -5 au deux membres :**
  $4x + 5 + (-5) = 7 + (-5)$
  $4x = 7 - 5$ *(car $5 + (-5) = 0$)*
  (+5 au premier membre devient –5 au second membre : on a transposé 5) ;
- **on réduit le second membre :**
  $4x = 2$ *(forme $ax = b$).*
  La solution est $\frac{2}{4}$ ou 0,5.

2 Les étapes de la résolution d'un problème

▸ **Choix de l'inconnue** (bien préciser les unités).

▸ **Mise en équation** (on traduit, à l'aide de l'inconnue, les renseignements donnés dans l'énoncé; on aboutit dans cette leçon à une équation du premier degré à une inconnue).

▸ **Résolution** (de l'équation obtenue).

▸ **Retour à l'énoncé** (on cherche à savoir si la solution de l'équation est ou n'est pas solution du problème).

Je comprends comment faire

Mettre en équation et résoudre un problème

ABCD est un rectangle tel que *AB* = 3,3 cm et *BC* = 2,4 cm.
M est un point du segment [*AB*] dont la position est variable.
Détermine la position de *M* pour que l'aire du trapèze* *MBCD* soit le double de l'aire du triangle *DAM*.

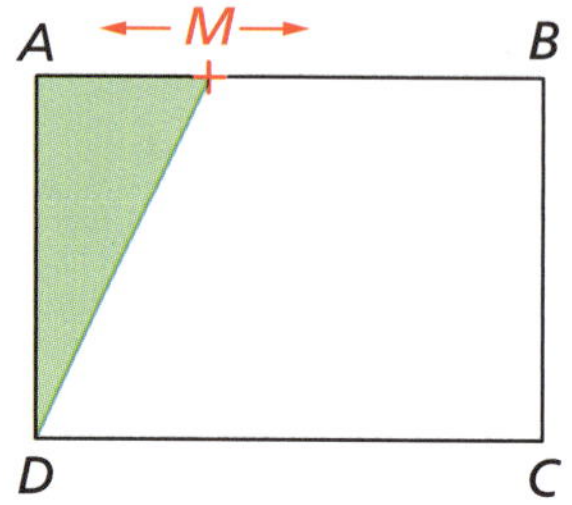

- Désignons par x la longueur *AM* (en cm). On doit avoir $0 < x < 3{,}3$.
- L'aire (en cm²) du triangle *DAM* est égale à $1{,}2\,x$

car $\dfrac{AM \times AD}{2} = \dfrac{2{,}4 \times x}{2} = 1{,}2x$.

L'aire du trapèze *MBCD* est égale à celle du rectangle *ABCD* (7,92 cm²) diminuée de celle du triangle *DAM* ($1{,}2x$).

Donc l'aire (en cm²) du trapèze *MBCD* est $7{,}92 - 1{,}2x$.

L'aire du trapèze doit être égale au double de celle du triangle.

On doit avoir $7{,}92 - 1{,}2x = 2 \times 1{,}2x$.

- Résolvons l'équation $7{,}92 - 1{,}2x = 2{,}4\,x$.

On ajoute $1{,}2\,x$ aux deux membres : $7{,}92 = 2{,}4\,x + 1{,}2\,x$;

Après réduction, l'équation s'écrit $7{,}92 = 3{,}6\,x$ ou $3{,}6\,x = 7{,}92$.

Cette équation a pour solution $\dfrac{7{,}92}{3{,}6}$ soit 2,2.

On a : $0 < 2{,}2 < 3{,}3$.

- **Le point *M* doit être à 2,2 cm du point *A*.**

Vérification :

Aire du triangle *DAM* : 2,64 cm²

car $\dfrac{AD \times AM}{2} = \dfrac{2{,}4 \times 2{,}2}{2} = 2{,}64$.

Aire du trapèze *MBCD* : 5,28 cm²

car Aire *MBCD* = Aire *ABCD* – Aire *DAM*

et $7{,}92 - 2{,}64 = 5{,}28$.

5,28 est bien le double de 2,64.

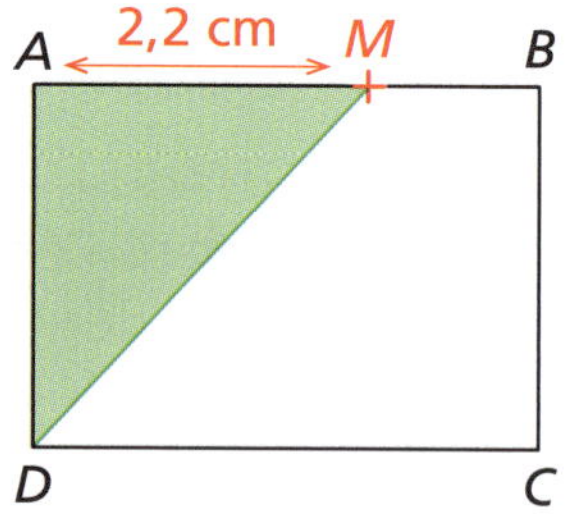

Notes

Corrigés p. 90

Je m'entraîne

Brouillon

Exercice 1

Soit l'équation $2(x - 4) = 6 - (x - 1)$.

a. **Explique pourquoi cette équation peut s'écrire $2x - 8 = -x + 7$.**

....

....

b. En ajoutant ensuite à chacun de ses membres d'abord 8, puis x, cette équation peut s'écrire $3x = 15$.

Résous cette équation. Vérifie le résultat en reportant la valeur trouvée dans l'équation du début.

....

....

....

....

Exercice 2

En remplaçant x par 1,5, on peut savoir si ce nombre est, ou n'est pas, solution d'une équation donnée.

Coche la bonne réponse.

a. 1,5 est-il solution de l'équation $2x + 12 = 15$?

Oui ☐ Non ☐

b. 1,5 est-il solution de l'équation $x^2 - 4x + 3{,}75 = 0$?

Oui ☐ Non ☐

c. –2 est-il solution de l'équation $3(x - 2) = 8x$?

Oui ☐ Non ☐

d. 3 est-il solution de l'équation $x^3 - 5x^2 + 6x = 0$?

Oui ☐ Non ☐

e. 2,5 est-il solution de l'équation $x^3 - x = x^2 + x$?

Oui ☐ Non ☐

Brouillon

Exercice 3

Résous chacune des équations suivantes.

a. $3x = 18$

....

b. $3 + x = 18$

....

c. $5(x + 3) = 3(x + 5)$

....

....

Exercice 4

Un questionnaire à choix multiple comporte 20 questions.

Chaque réponse exacte fait gagner des points, chaque réponse inexacte fait perdre 3 points et chaque question sans réponse fait perdre 1 point.

Un candidat n'a pas répondu à 3 questions, a fait 3 erreurs et a eu 58 points.

Combien de points rapporte chaque réponse exacte ?

....

....

....

....

....

....

....

....

....

Brouillon

Exercice 5

Toutes les billes ont la même masse.
On observe l'équilibre suivant.

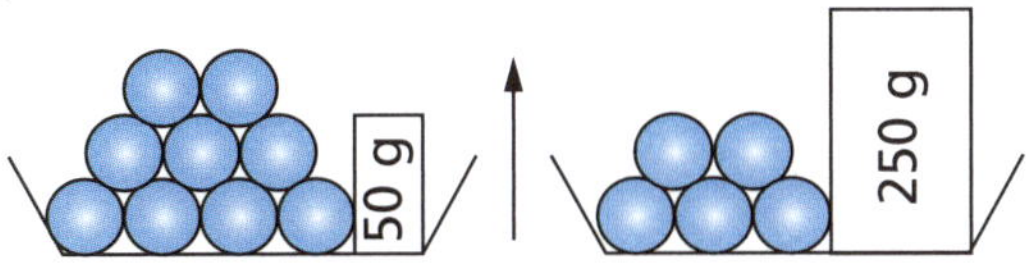

On veut déterminer la masse d'une bille.

a. **Si on appelle x la masse (en grammes) d'une bille, quelle équation peut-on écrire ?**

....

....

b. **Résous cette équation.**

....

....

....

Exercice 6

Lors d'un concours hippique, un cavalier est pénalisé :
– de 3 points si le cheval refuse de sauter un obstacle ;
– de 4 points si le cheval fait tomber un obstacle ;
– de 0,25 point par seconde de retard par rapport au temps imparti.

Un cavalier dont le cheval a refusé un obstacle et fait tomber deux obstacles a eu 15 points de pénalité.

Combien de secondes de retard avait-il à l'arrivée ?

....

....

....

....

....

Corrigés des exercices

Exercice 1

a. On développe et on réduit. $2(x - 4) = 6 - (x - 1)$ devient $\mathbf{2x - 8 = -x + 7}$.
b. $3x = 15$ a pour **solution 15/3, soit 5**. On remplace x par 5 :
– premier membre : $2(5 - 4) = \mathbf{2}$;
– second membre : $6 - (5 - 1) = \mathbf{2}$.

Exercice 2

a. 1,5 est solution de $2x + 12 = 15$, car $2 \times 1{,}5 + 12 = 15$ **(égalité 15 = 15)**.
b. 1,5 est solution de $x^2 - 4x + 3{,}75 = 0$, car $1{,}5^2 - 4 \times 1{,}5 + 3{,}75 = 0$ **(égalité 0 = 0)**.
c. –2 n'est pas solution de $3(x - 2) = 8x$ car $3(-2 - 2) \neq 8 \times (-2)$ **(–12 ≠ –16)**.
d. 3 est solution de $x^3 - 5x^2 + 6x = 0$ car $3^3 - 5 \times 3^2 + 6 \times 3 = 0$ **(égalité 0 = 0)**.
e. 2,5 n'est pas solution de l'équation $x^3 - x = x^2 + x$ car $2{,}5^3 - 2{,}5 \neq 2{,}5^2 + 2{,}5$ **(13,125 ≠ 8,75)**.

Exercice 3

a. $3x = 18$ a pour solution 18/3 ou **6**.
b. $3 + x = 18$ a pour solution 18 – 3 ou **15**.
c. $5(x + 3) = 3(x + 5)$ s'écrit $5x + 15 = 3x + 15$, puis $2x = 0$. La solution est 0/2, soit **0**.

Exercice 4

Soit x le nombre de points que rapporte une réponse exacte.
Il y a eu 14 réponses exactes car 20 – (3 + 3) = 14.
Une absence de réponse rapporte (–1) point et une réponse inexacte (–3) points.
On doit résoudre l'équation : $3 \times (-1) + 3 \times (-3) + 14x = 58$.

$-12 + 14x = 58$; $14x = 58 + 12$; $14x = 70$; $x = \frac{70}{14}$; $x = \mathbf{5}$.

Chaque réponse exacte rapporte 5 points.

Exercice 5

a. $9x + 50$ sur le plateau de gauche et $5x + 250$ sur celui de droite ;
soit $\mathbf{9x + 50 = 5x + 250}$.
b. L'équation $9x + 50 = 5x + 250$ devient :
$9x - 5x = 250 - 50$; $4x = 200$; $x = 50$.
Solution : 50 ; soit 50 g pour une bille.

Exercice 6

Soit x le nombre de secondes de retard (x est un nombre entier).
Le cavalier a perdu 11 points pour un refus et la chute des deux obstacles car $3 \times 1 + 4 \times 2 = 11$.
On doit résoudre l'équation $11 + 0{,}25x = 15$.

$0{,}25x = 15 - 11$; $0{,}25x = 4$; $x = \frac{4}{0{,}25}$; $x = \mathbf{16}$.

Le cavalier a eu 16 s de retard.

Partie 2

Gestion de données Fonctions

Teste tes connaissances

Coche, pour chaque exercice, la (ou les) bonne(s) réponse(s).
Reporte-toi ensuite aux corrigés en bas de page.

Leçon 14 — page 93

1 Les points de la représentation graphique associée à un tableau de proportionnalité appartiennent à une droite :

a. qui passe par l'origine du repère. ☐
b. parallèle à l'axe des abscisses. ☐
c. parallèle à l'axe des ordonnées. ☐

2 Dans le tableau de proportionnalité ci-dessous, la quatrième proportionnelle est :

7	11
2,8	x

a. 6,8. ☐
b. 4,4. ☐
c. 44. ☐

Leçon 15 — page 99

3 Le pourcentage des voyelles dans le mot « mathématiques » est égal à :

a. Environ 40 % ☐
b. Environ 45 % ☐
c. Environ 50 % ☐

4 Á l'échelle 1/25, une automobile longue de 5,25 m a pour longueur :

a. 21 cm ☐
b. 210 cm ☐
c. 0,21 m ☐

Leçon 16 — page 105

5 Le périmètre y d'un carré de côté x s'exprime en fonction de x par :

a. $y = 3{,}14\,x$ ☐
b. $y = x$ ☐
c. $y = 4x$ ☐

Leçon 17 — page 111

6 On a rangé par ordre croissant l'âge des jeunes d'un club de judo :
10 – 10 – 11 – 12 – 12 – 13 – 13 – 13 – 14 – 15 – 15 – 15 – 15 – 16 – 16 – 17 – 17 – 17.
La médiane est :

a. 14. ☐
b. 15. ☐
c. 14,5. ☐

Leçon 18 — page 117

7 On jette un dé non truqué. La probabilité de l'événement « le nombre de points sur la face supérieure est un nombre impair » est :

a. 1/6. ☐
b. 3/6. ☐
c. 0,5. ☐

Corrigés

1. a – 2. b – 3. b – 4. a et c – 5. c – 6. c – 7. b et c.

Proportionnalité : représentation graphique

Je retiens le cours

1 Tableau de proportionnalité

▶ Dans un **tableau de proportionnalité**, les nombres de la seconde ligne s'obtiennent en multipliant ceux de la première ligne par un coefficient constant *k* appelé **coefficient de proportionnalité**.

a	b	c	d	
ka	kb	kc	kd	$\times k$

▶ Si le nombre ***c*** est la somme de *a* et de *b*, alors l'image de ***c*** est égale à la somme de l'image de *a* et de l'image de *b* car on a $k(a + b) = ka + kb$.

▶ Si ***d*** est le produit de *a* par *m*, alors l'image de ***d*** est le produit de l'image de *a* par le même nombre *m* car $k \times (a \times m) = (k \times a) \times m$.

2 Représentation graphique

▶ Si un tableau est de proportionnalité, alors la représentation graphique associée est constituée de **points alignés avec l'origine du repère.**

▶ Si les points d'une représentation graphique sont alignés avec l'origine du repère alors ce graphique représente une **relation de proportionnalité.**

▶ **L'alignement des points d'une représentation graphique avec l'origine du repère caractérise la proportionnalité.**

Cela veut dire :

– si les points sont alignés avec l'origine du repère, alors c'est une situation de proportionnalité.

– si les points ne sont pas alignés avec l'origine du repère, alors c'est une situation de non-proportionnalité.

Notes

3 Quatrième proportionnelle

▶ Si on connaît trois nombres d'un tableau de proportionnalité à quatre nombres, calculer le quatrième nombre c'est calculer une **quatrième proportionnelle**.

▶ On a un tableau de proportionnalité à quatre nombres.

a	b	$\times k$
c	x	

x est la quatrième proportionnelle.

On a : $k = \frac{c}{a} = \frac{x}{b}$; $k = \frac{c \times \mathbf{b}}{a \times \mathbf{b}} = \frac{x \times \mathbf{a}}{b \times \mathbf{a}}$; d'où : $\mathbf{c \times b = x \times a}$.

On dit que « *les produits en croix sont égaux* » et on a : $x = \frac{\mathbf{c \times b}}{\mathbf{a}}$.

Remarque : Cette procédure de calcul s'ajoute à celles déjà rencontrées en 6e et en 5e (calcul du coefficient de proportionnalité, retour à l'unité …).

Je comprends comment faire

▶ Reconnaître la proportionnalité à l'aide d'un graphique

Un des graphiques ci-dessous représente une relation de proportionnalité. Lequel et pourquoi ?

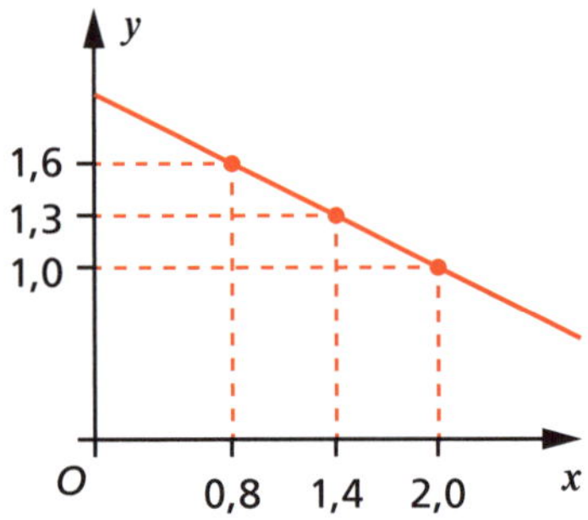

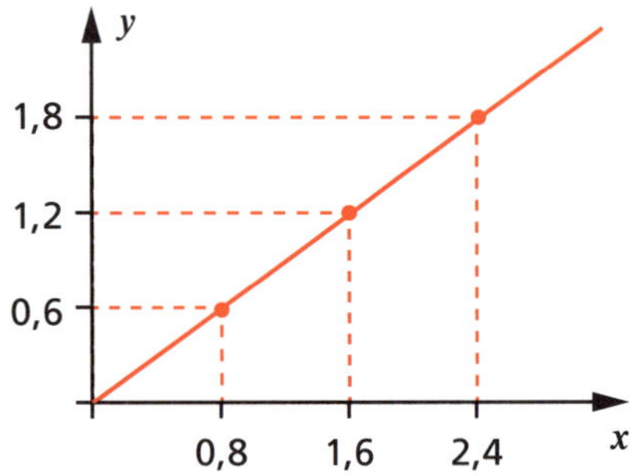

• Dans le premier graphique, les points sont alignés, mais la droite ne passe pas par l'origine du repère ;
ce graphique ne représente donc pas une relation de proportionnalité.

• Dans le second graphique, les points sont alignés sur une droite qui passe par l'origine du repère ;
ce graphique représente une relation de proportionnalité.

Notes

Corrigés p. 98

Je m'entraîne

Brouillon

Exercice 1

Complète chacun des tableaux de proportionnalité suivants après avoir calculé le coefficient de proportionnalité.

a.

2	2,5	3	3,5	4	4,5
2,8	…	…	…	…	…

× …

b.

3,5	2,5	2,6	2,7	2,8	2,9
3,85	…	…	…	…	…

× …

c.

5	6	8	…	…	…
4,5	…	…	9	18	27

× …

Exercice 2

a. **Complète le tableau de proportionnalité suivant.**

1,5	2,5	3,5	4,5	5
…	…	…	…	4

× …

b. **Complète la représentation graphique associée à ce tableau.**

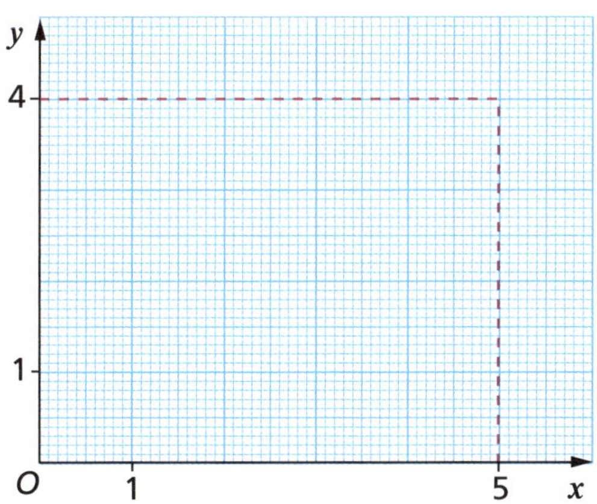

Exercice 3

Les tableaux ci-dessous sont des tableaux de proportionnalité.

Calcule la quatrième proportionnelle.

a.

2,1	3,5
2,4	x

....

....

b.

7,7	x
3,3	2,7

....

....

c.

0,9	2,7
x	5,1

....

....

Exercice 4

Calcule la quatrième proportionnelle dans chacun des tableaux de proportionnalité à quatre nombres.

a. Le prix à payer est proportionnel à la quantité achetée.

Quantité (kg)	3,8	2,6
Prix (€)	9,5	...

b. La masse est proportionnelle au volume.

Volume (L)	2,5	3,5
Masse (kg)	2,25	...

c. L'intérêt est proportionnel au capital.

Capital (€)	300	500
Intérêt (€)	3,75	...

d. La distance parcourue est proportionnelle à la durée du parcours.

Durée (s)	60	150
Distance (m)	1800	...

Brouillon

Brouillon

Exercice 5

La représentation graphique suivante est constituée de cinq points appartenant au segment [*OA*], *O* et *A* compris.

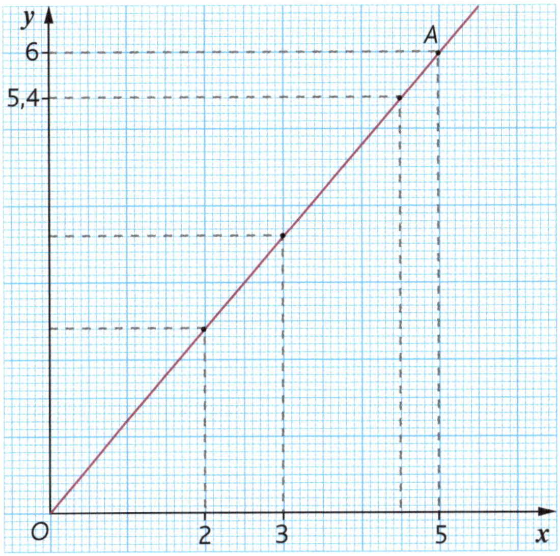

a. Lis sur ce graphique :

– l'ordonnée* du point d'abscisse 3 : ....

– l'abscisse* du point d'ordonnée 5,4 : ....

b. Cette représentation graphique est associée à un tableau de proportionnalité. Pourquoi ?

....

....

....

c. Complète le tableau associé à ce graphique.

0	2	3	…	5
0	…	…	5,4	6

× …

Corrigés des exercices

Exercice 1

a. Le coefficient est **1,4** car 2,8 : 2 = 1,4.

2	2,5	3	3,5	4	4,5
2,8	**3,5**	**4,2**	**4,9**	**5,6**	**6,3**

× 1,4

b. Le coefficient est **1,1** car 3,85 : 3,5 = 1,1.

3,5	2,5	2,6	2,7	2,8	2,9
3,85	**2,75**	**2,86**	**2,97**	**3,08**	**3,19**

× 1,1

c. Le coefficient est **0,9** car 4,5 : 5 = 0,9.

5	6	8	**10**	**20**	**30**
4,5	**5,4**	**7,2**	9	18	27

× 0,9

Exercice 2

a. Le coefficient est 4 : 5 ou 0,8.

1,5	2,5	3,5	4,5	5
1,2	**2**	**2,8**	**3,6**	4

× 0,8

b. Puisque c'est la représentation graphique d'un tableau de proportionnalité, **les points sont alignés** sur la demi-droite joignant l'origine du repère au point de coordonnées (5 ; 4).

Exercice 3

a. $x = \frac{2,4 \times 3,5}{2,1}$; $x = \mathbf{4}$.

b. $x = \frac{7,7 \times 2,7}{3,3}$; $x = \mathbf{6,3}$.

c. $x = \frac{0,9 \times 5,1}{2,7}$; $x = \mathbf{1,7}$.

Exercice 4

a. (9,5 × 2,6) : 3,8 = 6,5.

Quantité (kg)	3,8	2,6
Prix (€)	9,5	**6,5**

b. (2,25 × 3,5) : 2,5 = 3,15.

Volume (L)	2,5	3,5
Masse (kg)	2,25	**3,15**

c. (3,75 × 500) : 300 = 6,25.

Capital (€)	300	500
Intérêt (€)	3,75	**6,25**

d. (1 800 × 150) : 60 = 4 500.

Durée (s)	60	150
Distance (m)	1 800	**4 500**

Exercice 5

a. L'ordonnée du point d'abscisse 3 est **3,6**. L'abscisse du point d'ordonnée 5,4 est **4,5**.

b. **Les points sont alignés avec l'origine du repère**, le graphique est donc associé à un tableau de proportionnalité.

c.

0	2	3	**4,5**	5
0	**2,4**	**3,6**	5,4	**6**

× 1,2

Proportionnalité : échelle – pourcentage – partage

Notes

Je retiens le cours

1 Échelle d'une carte ou d'un plan

Par convention, les dimensions sur une carte (ou sur un plan ou sur une maquette) sont proportionnelles aux dimensions réelles.

Lorsque les dimensions réelles et les dimensions sur la carte (ou sur le plan ou sur la maquette) sont exprimées avec la même unité, le coefficient de proportionnalité s'appelle **l'échelle de la carte** (du plan ou de la maquette).

$$\text{Échelle} = \frac{\textbf{dimension de la carte}}{\textbf{dimension réelle}}.$$

2 Pourcentage

Exprimer un résultat en pourcentage facilite les comparaisons en ramenant tous les effectifs à 100, tout en conservant les proportions.

Ex. : **Parmi les 28 élèves d'une classe, on sait que 21 élèves ont 13 ans. On imagine une situation fictive : une classe de 100 élèves et on calcule, en conservant les proportions, quel serait alors le nombre d'élèves ayant 13 ans. On a un tableau de proportionnalité :**

LE TOUT (effectif total)	28	100
LA PARTIE (effectif partiel)	21	x
	Situation réelle	Situation fictive

On a : $x = \frac{21 \times 100}{28}$; $x = 75$; 75 % des élèves ont 13 ans.

3 Partages proportionnels

Partager une quantité (par exemple une somme d'argent) en trois parts (notées, par exemple, *a*, *b* et *c*) selon un **ratio** donné, par exemple **dans le ratio 2 : 3 : 5**, c'est dire que **les nombres** *a*, *b* **et** *c* **sont proportionnels aux nombres 2, 3 et 5.** On a alors :

2	3	5	2 + 3 + 5
a	*b*	*c*	*a* + *b* + *c*

(× *k*)

$$k = \frac{a}{2} = \frac{b}{3} = \frac{c}{5} = \frac{a+b+c}{2+3+5}$$

Notes

Je comprends comment faire

Pourcentages

La chorale du collège des Pinsons compte 50 choristes dont 80% de filles. La chorale du collège des Canaris compte 40 choristes dont 60% de filles.

Quel est le pourcentage* de filles quand les deux chorales sont réunies ?

Chorales des Pinsons : 40 filles ($50 \times \frac{80}{100} = 40$).

Chorale des canaris : 24 filles ($40 \times \frac{60}{100} = 24$).

Après réunion des deux chorales, il y a 90 choristes ($50 + 40 = 90$) et 64 filles ($40 + 24 = 64$).

D'où le tableau de proportionnalité :

Total	90	100
Filles	64	x

$x = \frac{64 \times 100}{90}$; $x \approx 71$.

Les deux chorales réunies comptent environ 71 % de filles.

Partage proportionnel

On doit partager un terrain de 27 000 m^2 en trois parcelles « dans le ratio 2 : 3 : 4 ».

Calcule la superficie de chaque parcelle.

On appelle a, b et c les trois superficies (en m^2).

Les nombres a, b et c doivent être proportionnels aux nombres 2, 3 et 4.

2	3	4	$2 + 3 + 4$
a	b	c	$a + b + c$

$\times k$

On doit avoir : $\frac{a}{2} = \frac{b}{3} = \frac{c}{4} = \frac{a+b+c}{2+3+4} = k$.

avec : $a + b + c = 27\,000$ et $2 + 3 + 4 = 9$; d'où : $k = \frac{27\,000}{9} = 3\,000$.

Par suite : $a = 2 \times 3\,000 = 6\,000$; $b = 3 \times 3\,000 = 9\,000$;
$c = 4 \times 3\,000 = 12\,000$.

Les trois parcelles ont respectivement pour superficies 6 000 m^2 ; 9 000 m^2 et 12 000 m^2.

Corrigés p. 104

Je m'entraîne

Brouillon

Exercice 1

Sur une carte à l'échelle 1/250 000, un randonneur estime que la distance qu'il doit parcourir est comprise entre 6 cm et 7 cm.

a. **Quelle est la distance qu'il doit parcourir en réalité ?**

Distance minimale : ....

Distance maximale : ....

b. **Quelle est la différence entre ces deux distances ?**
Peut-on trouver directement cette différence avec l'échelle ?

....

....

Exercice 2

a. « *Le calcul des pourcentages facilite la comparaison* ».
Vérifie que la phrase ci-dessus compte 44 lettres, puis complète le tableau de proportionnalité :

Nombre total de lettres	44	100
Nombres de voyelle	....	x

Quel est le pourcentage de voyelles parmi ces 44 lettres ?

....

....

b. En anglais, pour dire la même chose, on pourrait écrire :
« *Percentage makes comparison easier* ».
Quel est le pourcentage de voyelles parmi les lettres de cette phrase ?

....

....

....

Exercice 3

On veut représenter un terrain rectangulaire de 120 m de long et 72 m de large par un rectangle de 4 cm de longueur.

a. **Quelle doit être l'échelle de ce plan ?**

....

....

b. **Quelle doit être la largeur du rectangle sur ce plan ?**

....

....

c. Après avoir dessiné ce rectangle et mesuré sa diagonale, **calcule la longueur de cette diagonale dans la réalité.**

....

....

Exercice 4

Au 1er janvier 2018, une ville compte 45300 habitants. Une étude démographique prévoit que la population de cette ville devrait augmenter de 2 % chaque année pendant les prochaines années.

a. **Quelle serait alors la population au 1er janvier 2019 ?**

....

....

b. **Quelle serait alors la population au 1er janvier 2020 ?**

....

....

c. **Quel serait le pourcentage d'augmentation de la population entre le 1er janvier 2018 et le premier janvier 2020 ?**

....

....

Brouillon

Brouillon

Exercice 5

Trois employés doivent se partager une prime de 2400 €.

a. Le partage peut se faire suivant le ratio 1 : 2 : 3 afin que la part de chacun soit proportionnelle au nombre d'enfants dont il a la charge.

Quelle est la part de chacun dans ce cas ?

....

....

....

....

....

b. Le partage peut se faire suivant le ratio 4 : 20 : 16 afin que la part de chacun soit proportionnelle à son ancienneté dans l'entreprise.

Quelle est la part de chacun dans ce cas ?

....

....

....

....

....

Corrigés des exercices

Exercice 1

a. À l'échelle 1/250 000, 1 cm représente 250 000 cm soit 2,5 km.
Minimale : **15 km** ($6 \times 2,5 = 15$). Maximale : **17,5 km** ($7 \times 2,5 = 17,5$).
b. **La différence entre ces deux distances est de 2,5 km** car $17,5 - 15 = 2,5$.
On peut trouver ce résultat directement avec l'échelle car 7 cm – 6 cm = 1 cm et 1 cm représente 2,5 km.

Exercice 2

a. Dans la première phrase, il y a 19 voyelles parmi 44 lettres.

Nombre total de lettres	44	100
Nombre de voyelles	19	x

$x = \dfrac{19 \times 100}{44}$; $x \approx 43,2$.

Il y a environ 43,2 % de voyelles dans ce texte.

b. Dans la seconde phrase, il y a 14 voyelles parmi 31 lettres.

Effectif total	31	100
Effectif partiel	14	x

$x = \dfrac{14 \times 100}{31}$; $x \approx 45,2$.

Il y a environ 45,2 % de voyelles dans ce texte.

Exercice 3

a. 120 m = 12 000 cm ; **L'échelle est $\dfrac{1}{3000}$** car $\dfrac{4}{12000} = \dfrac{1}{3000}$.

b. **Largeur 2,4 cm** car 72 m = 7200 cm et $7200 \times \dfrac{1}{3000} = 2,4$.

c. Diagonale mesurée sur le plan : environ 4,7 cm, **soit environ 141 m sur le terrain** car : $4,7 \times 3000 = 14\,100$ et 14 100 cm = 141 m.
Remarque : Le théorème de Pythagore (leçon 22) donne environ 139,94 m.

Exercice 4

a. 906 habitants de plus au 1er janvier 2019 car $45\,300 \times \dfrac{2}{100} = 906$.
Soit au total **46 206 habitants** car :

$$45\,300 + 906 = 46\,206.$$

b. 924 habitants de plus au 1er janvier 2020 car $46\,206 \times \dfrac{2}{100} \approx 924$.
Soit au total **47 130 habitants** car :

$$46\,206 + 924 = 47\,130.$$

c. La population est passée de 45 300 à 47 130 soit 1 830 habitants de plus.
L'augmentation est de 4,04 % car :

$$\frac{1\,830 \times 100}{45\,300} \approx 4,04.$$

Exercice 5

a. Soit a, b et c les valeurs (en €) des parts respectives des employés.
Selon le ratio 1 : 2 : 3, on a :

$$\frac{a}{1} = \frac{b}{2} = \frac{c}{3} = \frac{a+b+c}{1+2+3} = \frac{2400}{6} = 400.$$

$\boldsymbol{a = 400}$; $\boldsymbol{b = 800}$ et $\boldsymbol{c = 1200}$ car
$400 \times 1 = 400$; $400 \times 2 = 800$; $400 \times 3 = 1200$.

b. Soit d, e et f les valeurs (en €) des parts respectives des employés.
Selon le ratio 4 : 20 : 16, on a :

$$\frac{d}{4} = \frac{e}{20} = \frac{f}{16} = \frac{d+e+f}{40} = \frac{2400}{40} = 60.$$

$\boldsymbol{d = 240}$; $\boldsymbol{e = 1200}$ et $\boldsymbol{f = 960}$ car
$60 \times 4 = 240$; $60 \times 20 = 1200$; $60 \times 16 = 960$.

Notion de fonction

Notes

Je retiens le cours

1 Notation et vocabulaire

Lorsque, à un nombre variable x, on fait correspondre un nombre unique y qui dépend de x, on détermine une **fonction numérique**.

On peut noter cette fonction $x \mapsto y$ (on lit : « x ***a pour image*** y »).

Si on appelle f la fonction, on a : $y = f(x)$ et $x \mapsto f(x)$.

$f(x)$ se lit « f de x » ; l'image de 3 se note $f(3)$ et se lit « f de 3 ».

Ex. : **On appelle x la mesure (en cm) du côté d'un carré et y la mesure (en cm^2) de l'aire de ce carré (x et y sont deux nombres positifs).**
On a : $x \mapsto y$ avec $y = x^2$.
Si $x = 4$, alors l'image de x est le nombre y tel que $y = 4^2$; $y = 16$.
Si $y = 25$, alors le nombre x est 5 (car x est un nombre positif) ; 5 est l'antécédent de 25.

2 Représentation graphique d'une fonction

Dans un repère cartésien, la **représentation graphique** d'une fonction numérique est l'ensemble des points de coordonnées $(x ; y)$ tels que $x \mapsto y$.

Ex. : **Soit x un nombre positif. La représentation graphique de la fonction $x \mapsto y$ avec $y = x^2$, contient les points ayant pour coordonnées : (0 ; 0) ; (1 ; 1) ; (2 ; 4) ; (3 ; 9).... mais aussi les points de coordonnées (0,5 ; 0,25) ; (1,2 ; 1,44) ; (2,3 ; 5,29) ; (3,1 ; 9,61) ; (4 ; 16) ; (4,02 ; 16,1604) ; (5 ; 25) ...**

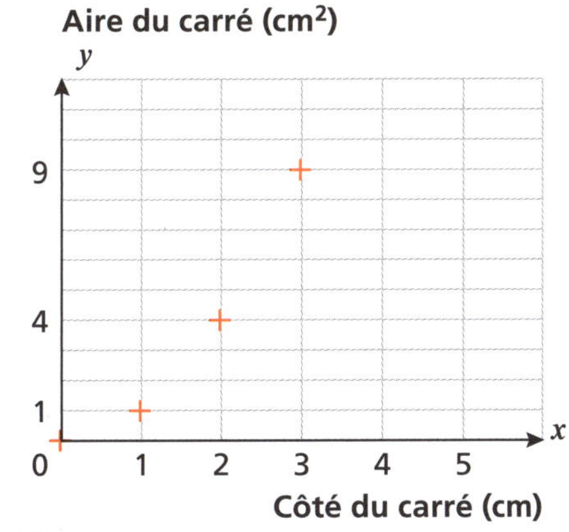

Je comprends comment faire

Représenter graphiquement une fonction numérique

Pendant les premiers jours de sa vie, on a pesé un bébé tous les deux jours. On a obtenu le tableau suivant :

Âge (jour)	0	2	4	6	8	10	12
Poids (Kg)	3,9	3,7	3,6	3,5	3,7	3,9	4,1

Fais une représentation graphique donnant le « poids » de ce bébé en fonction de son âge.

On place l'âge sur l'axe des abscisses ; ici, la demi-droite [Ox).
On place le poids sur l'axe des ordonnées ; ici, la demi-droite [Oy).
On place les points de coordonnées (0 ; 3,9) ; (2 ; 3,7) ; (4 ; 3,6) ; …

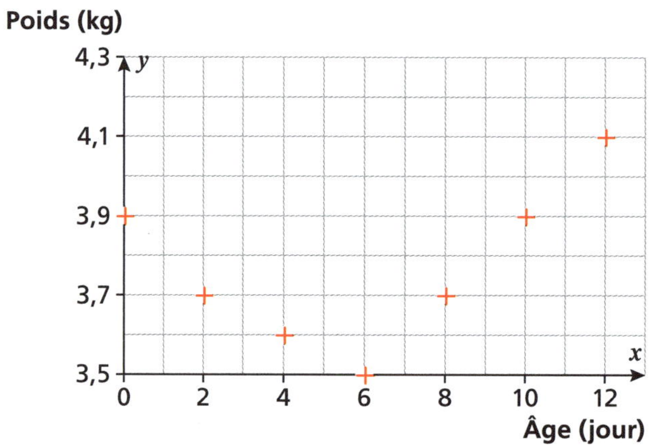

Lire une représentation graphique

La distance de freinage d'un véhicule dépend de sa vitesse.

Le graphique ci-contre représente la distance de freinage d'un véhicule sur route sèche (cette courbe dépend du type de véhicule considéré).

– Si on connaît la vitesse ($x = 40$) on lit **l'image** de x sur l'axe [Oy) **(flèches rouges)** ; distance : 20 m.

– Si on connaît la distance ($y = 60$) on lit **l'antécédent** de y sur l'axe [Ox) **(flèches vertes)** ; vitesse : 80 km/h.

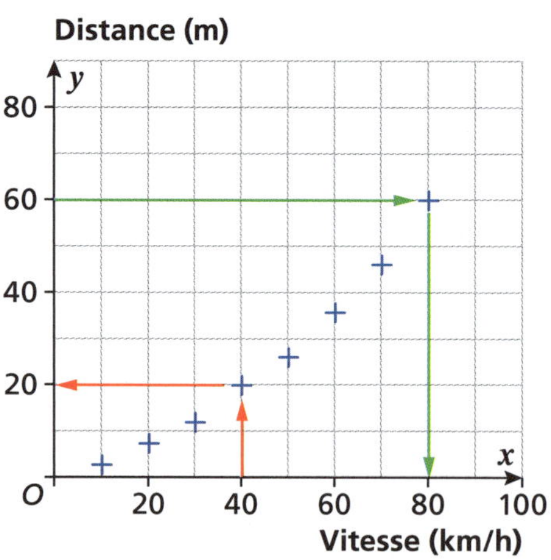

Notes

Corrigés p. 110

Je m'entraîne

Brouillon

Exercice 1

Le graphique représente la fréquence cardiaque (en nombre de battements par minute) d'un coureur en fonction de la durée écoulée depuis le départ.

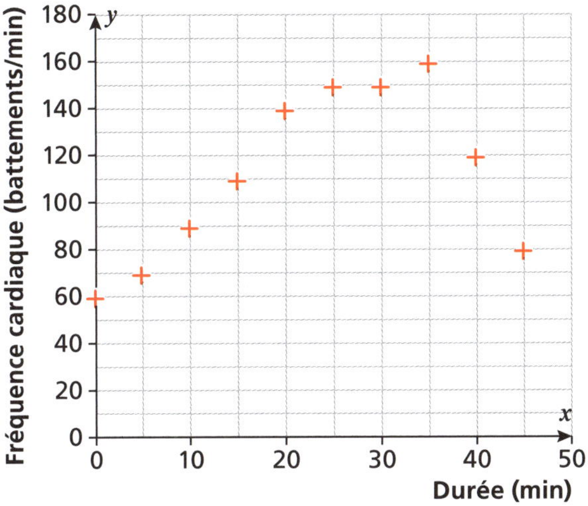

a. **Détermine la fréquence cardiaque de ce coureur :**

– au moment du départ : ....

– après 20 min de course : ....

b. **Quelle est la fréquence cardiaque maximale de ce coureur pendant cette course ?**

....

....

c. **Donne un moment de la course où la fréquence cardiaque de ce coureur est de 120 battements/min.**

....

....

Exercice 2

Un condensateur est un composant électronique qui permet de stocker de l'énergie électrique pour la restituer ultérieurement.
Le graphique montre l'évolution de la tension (en volts) mesurée aux bornes d'un condensateur en fonction de la durée (en secondes) pendant laquelle il est en charge.

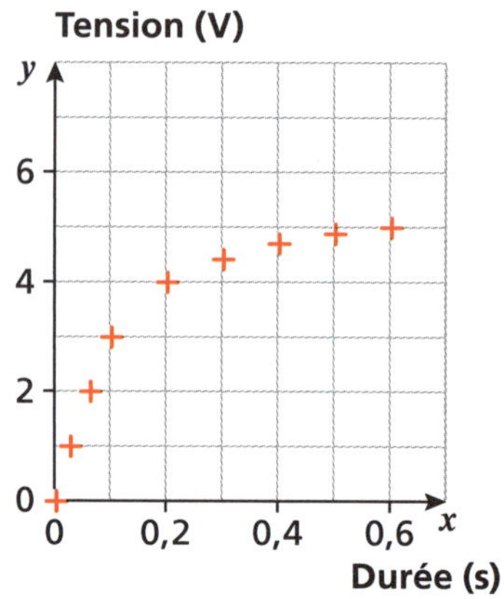

a. Quelle est la tension mesurée au bout de 0,1 s ?

....

b. Au bout de combien de temps, la tension est-elle égale à 80 % de la tension maximale estimée à 5V ?

....

Exercice 3

On a découpé un carré de côté 1 cm de côté dans une feuille carrée de côté x (en cm) avec $x > 1$.

On note y la mesure (en cm²) de l'aire de la partie obtenue après découpage.

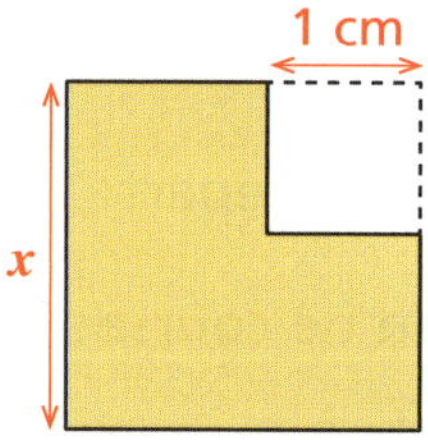

a. Exprime, en fonction de x, l'aire y de la partie restante.

....

b. Complète le tableau donnant y en fonction de x lorsque x varie.

x	2	2,1	2,2	2,3	2,4	2,5	2,6	2,7	2,8	2,9	3
y	3	....	....	....	....	....	....	....	....	....	8

c. Ce tableau n'est pas un tableau de proportionnalité.
Justifie cette affirmation.

....

Brouillon

Brouillon

Exercice 4

Une société de dépannage à domicile affiche le tarif suivant :
– déplacement : 50 €
– travail : 36 € de l'heure.

a. **Combien doit-on payer pour une réparation qui a duré une heure et demie ?**

....

b. **Combien de temps a duré une réparation facturée 122 € ?**

....

c. Soit x la durée (en minutes) d'un dépannage et y le coût total (en euros) de ce dépannage.
Explique pourquoi on a : $y = 0{,}6x + 50$.

....

d. **Représente dans le repère ci-dessous la fonction telle que $x \mapsto 0{,}6x + 50$, lorsque x varie de 0 à 150 min.**

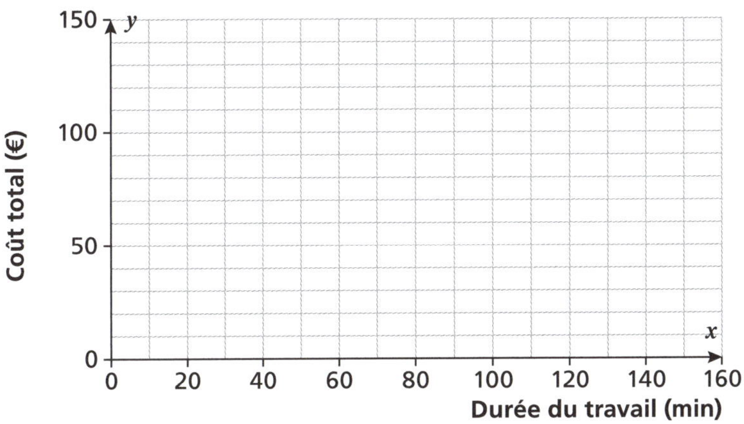

Corrigés des exercices

Exercice 1

a. Au moment du départ : **60 battements par minute.**
Après 20 min de course : **140 battements par minute.**
b. Fréquence cardiaque maximale : **160 battements par minute.**
c. **La fréquence cardiaque de ce coureur est de 120 battements/min après 40 min de course.**

Exercice 2

a. **Au bout de 0,1 s la tension mesurée est égale à 3 Volts.**
b. 80% de 5V c'est 4 V car $\frac{80}{100} \times 5 = 4$.
D'après ce graphique, **La tension atteint 4 V après 0,2 s.**

Exercice 3

a. Initialement, l'aire (en cm²) de la feuille est égale à x^2 ; après découpage du carré de 1 cm², l'aire (en cm²) est égale à $x^2 - 1$; d'où : $\mathbf{y = x^2 - 1}$.
b. Avec $x = 2{,}1$, on a : $y = 2{,}1^2 - 1 = 3{,}41$; avec $x = 2{,}2$, on a : $y = 2{,}2^2 - 1 = 3{,}84$ ...

x	2	2,1	2,2	2,3	2,4	2,5	2,6	2,7	2,8	2,9	3
y	3	3,41	3,84	4,29	4,76	5,25	5,76	6,29	6,84	7,41	8

c. **Ce tableau n'est pas un tableau de proportionnalité car $\frac{3}{2} = 1{,}5$ et $\frac{3{,}41}{2{,}1} \approx 1{,}6$.**

Exercice 4

a. **Pour une réparation qui a duré une heure et demie on doit payer 104 €**
car 1 h 30 min = 1 h + ½ h = 1,5 h et 36 × 1,5 + 50 = 104.
b. **La réparation facturée 122 € a duré 2 h car 122 – 50 = 72 et 72 : 36 = 2.**
c. Soit x la durée (en minutes) d'un dépannage et y le coût total (en euros).
36 € pour 60 min c'est 0,6 € pour 1 min. D'où le coût total : $\mathbf{y = 0{,}6x + 50}$.
d. La représentation contient, entre autres, les points de coordonnées (50 ; 80) ; (100 ; 110) et (150 ; 140).

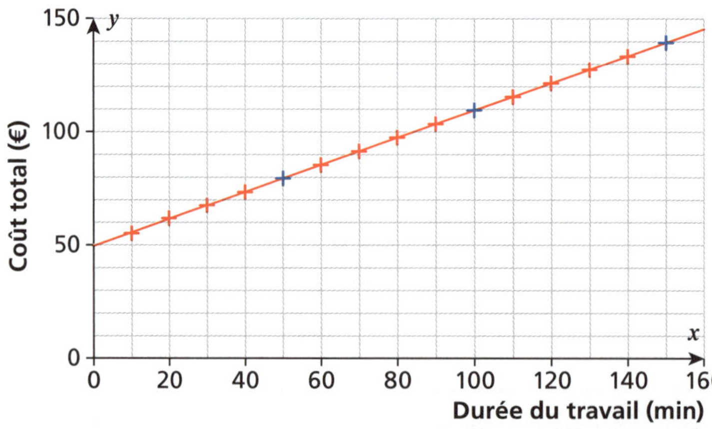

Statistique : moyenne – médiane

Notes

Je retiens le cours

1 La statistique : vocabulaire

▸ Une **enquête statistique** porte sur une **population**.
On étudie un **caractère** qui peut être **qualitatif** (couleur des yeux, loisir préféré…) ou **quantitatif** (âge, taille, note…).

▸ Lorsque la série statistique étudiée est numérique, on peut calculer la moyenne et la médiane.

2 Moyenne et médiane d'une série statistique

Pour une série statistique numérique :

▸ **La moyenne** d'une série statistique est le quotient de la somme des nombres figurant dans la série par le nombre d'éléments de cette série.

▸ **La médiane** d'une série statistique dont les termes ont été rangés (dans l'ordre croissant ou décroissant) est un nombre qui partage cette série en deux parties de même effectif (chacune contient au plus la moitié des termes).

Ex. : **Dans l'année, un élève a obtenu les notes suivantes : 10 ; 8 ; 5 ; 15 ; 12 ; 13 ; 12 ; 8 ; 15 ; 15 ; 16 ; 19 et 15.**

- **La moyenne de cette série est environ 12,5 car :**

$$\frac{5 + 2 \times 8 + 10 + 2 \times 12 + 13 + 4 \times 15 + 16 + 19}{13} = \frac{163}{13} \approx 12{,}5.$$

- **Pour déterminer la médiane, on range les treize notes par ordre croissant.**

5 – 8 – 8 – 10 – 12 – 12 – 13 – 15 – 15 – 15 – 15 – 16 – 19

six notes inférieures à 13 ↑ Médiane six notes supérieures à 13

La médiane de cette série est 13 car il y a 6 notes inférieures à 13 et 6 notes supérieures à 13.

Notes

Je comprends comment faire

Calculer la médiane d'une série statistique numérique

Le tableau ci-dessous donne les notes obtenues à un devoir par les 26 élèves d'une classe.

Note obtenue	4	6	9	10	12	14	15	16	20
Effectif	1	2	4	6	6	3	2	1	1

Détermine la médiane de cette série statistique.

• **La médiane partage la série des notes ordonnées en deux parties contenant chacune au plus la moitié de l'effectif.**

Il y a 26 notes; $26 = 2 \times 13 + 0$. La médiane est entre le 13e et le 14e nombre de la série statistique ordonnée.

13 notes avant la médiane :
4 – 6 – 6 – 9 – 9 – 9 – 9 – 10 – 10 – 10 – 10 – 10 – 10;

13 notes après la médiane :
12 – 12 – 12 – 12 – 12 – 12 – 14 – 14 – 14 – 15 – 15 – 16 – 20.

La médiane est entre 10 et 12; on choisit la demi-somme de ces deux nombres; $(10 + 12) : 2 = 11$. **La médiane est 11.**

Représenter des données sous forme de diagramme circulaire

Le tableau ci-dessous donne la répartition en 5 tranches des notes des candidats à un concours.

Note	$0 \leqslant n < 5$	$5 \leqslant n < 10$	$10 \leqslant n < 15$	$15 \leqslant n \leqslant 20$
Effectif	4	20	24	12

Représente par un diagramme circulaire la répartition de ces notes.

• **Les angles sont proportionnels aux effectifs.**

Il y a en tout 60 candidats et la somme des angles est égale à 360.

Le coefficient de proportionnalité est égal à 360/60 soit 6.

Note	$0 \leqslant n < 5$	$5 \leqslant n < 10$	$10 \leqslant n < 15$	$15 \leqslant n \leqslant 20$
Effectif	4	20	24	12
Angle (°)	24	120	144	72

$\times 6$

D'où le diagramme :

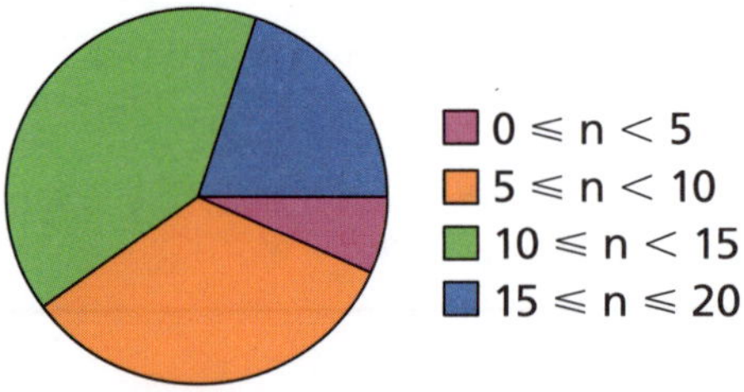

Corrigés p. 116

Je m'entraîne

Brouillon

Exercice 1

Un élève a eu les notes suivantes :
– 1er trimestre : 12 – 15 – 7 – 2 – 18 – 10 ;
– 2e trimestre : 8 – 18 – 17 – 5 – 4 ;
– 3e trimestre : 13 – 14 – 16 – 12.

a. **Calcule sa moyenne pour chaque trimestre.**

....

....

....

b. **Calcule sa moyenne annuelle :**
– en calculant la moyenne de ses quinze notes.

....

– en calculant la moyenne de ses trois moyennes trimestrielles.

....

c. Jo affirme que, pour calculer la moyenne des quinze notes, on peut supprimer la note la plus basse et la note la plus haute sans que la moyenne change beaucoup.

A-t-il raison ?

....

....

....

Brouillo

Exercice 2

On considère la série statistique de toutes les notes obtenues dans l'année par l'élève cité dans l'exercice 1.

a. **Range ces 15 notes par ordre croissant*.**

……………………………………………………………………………………………

b. **Quelle est la médiane de cette série ?**

……………………………………………………………………………………………

……………………………………………………………………………………………

Exercice 3

On a réalisé une enquête pour connaître le niveau de satisfaction des clients d'un magasin. Chaque client devait attribuer une note allant de 0 (pas satisfait) à 10 (très satisfait).

a. Sur un premier échantillon de 30 clients, on a obtenu la série statistique suivante :

0 – 8 – 6 – 9 – 10 – 2 – 5 – 7 – 9 – 4 – 8 – 10 – 10 – 7 – 5

6 – 7 – 2 – 8 – 10 – 0 – 9 – 5 – 10 – 8 – 8 – 1 – 10 – 9 – 7

Quelle est la moyenne de cette série statistique ?

……………………………………………………………………………………………

b. **Quelle est la médiane de cette série statistique ?**

……………………………………………………………………………………………

c. On a regroupé en trois tranches les notes de 120 clients.

Complète le tableau, puis fais un diagramme circulaire.

Note	$0 \leqslant n < 4$	$4 \leqslant n < 7$	$7 \leqslant n \leqslant 10$
Effectif	20	40	…………
Angle (°)	…………	…………	…………

Exercice 4

On a relevé pendant 4 jours la vitesse* (en km/h) des véhicules sur un tronçon de route où la vitesse est limitée à 80 km/h.

On a obtenu la série statistique suivante:

Lundi: 75 – 85 – 78 – 87 – 84 – 90 – 77 – 79 – 79 – 86.

Mercredi: 85 – 82 – 70 – 72 – 89 – 95 – 70 – 78 – 89 – 80.

Vendredi: 77 – 84 – 88 – 72 – 74 – 91 – 82 – 84 – 79 – 81.

Dimanche: 76 – 78 – 68 – 80 – 81 – 76 – 73 – 74 – 78 – 76.

a. **Détermine pour chaque jour la moyenne de la série obtenue.**

....

....

b. **Détermine la médiane de la série constituée par l'ensemble des vitesses enregistrées pendant les deux premiers jours.**

....

....

c. On repartit en trois groupes l'ensemble des vitesses enregistrées pendant ces quatre jours.

Groupe A: respectent la limitation de vitesse.

Groupe B: dépassent la limitation de vitesse de 5 km/h au plus.

Groupe C: dépassent la limitation de vitesse de plus de 5 km/h.

Complète le tableau ci-dessous:

Groupe	A	B	C
Effectif	....	....	....
Angle (°)	....	....	....

Fais un diagramme circulaire.

Groupe A ☐

Groupe B ☐

Groupe C ☐

Brouillon

Corrigés des exercices

Exercice 1

a. 1er trimestre : $\frac{64}{6} \approx$ **10,7** ; 2e trimestre : $\frac{52}{5} =$ **10,4** ; 3e trimestre : $\frac{55}{4} =$ **13,75**.

b. Moyenne des 15 notes : $\frac{171}{15} =$ **11,4** ; moyenne des trois moyennes : $\frac{34,85}{3} =$ **11,6**.

c. On enlève les notes 2 et 18 (20 points) ; il reste 13 notes pour 151 points soit une moyenne de $\frac{151}{13} \approx 11,6$.

Exercice 2

a. Par ordre croissant : **2 – 4 – 5 – 7 – 8 – 10 – 12 – 12 – 13 – 14 – 15 – 16 – 17 – 18 – 18.**

b. Il y a 15 notes ; 15 = 2 × 7 + 1. La médiane est 12 (c'est la 8e note de la série ordonnée) ; il y a 7 notes avant et 7 notes après.

Exercice 3

a. **La moyenne est 6,7** car 200/30 ≈ 6,7.

b. Il y a 30 notes ; 30 = 2 × 15 ; la médiane est entre la 15e et la 16e note.
On range les notes par ordre croissant, on a :
0 – 0 – 1 – 2 – 2 – 4 – 5 – 5 – 5 – 6 – 6 – 7 – 7 – 7 – 7 / 8 – 8 – 8 – 8 ...
La 15e note est 7 ; la 16e note est 8 ; **la médiane est 7,5.**

c. 60 clients ont donné une note entre 7 et 10 car 120 – (20 + 40) = 60.

Effectif total : 120 ; somme des angles : 360° ; coefficient : $\frac{360}{120} = 3$.

Note	$0 \leqslant n < 4$	$4 \leqslant n < 7$	$7 \leqslant n \leqslant 10$
Effectif	20	40	60
Angle (°)	60°	120°	180°

× 3

D'où le diagramme circulaire :

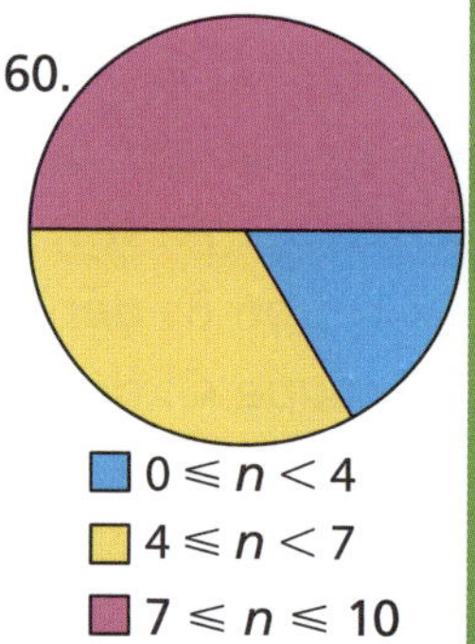

Exercice 4

a. Lundi : **82 km/h** ; mercredi : **81 km/h** ; vendredi : **81,2 km/h** ; dimanche : **76 km/h.**

b. On range les 20 nombres par ordre croissant ;

70 – 70 – 72 – 75 – 77 – 78 – 78 – 79 – 79 – 80 – 82 – 84 – 85 – 85 – 86 – 87 – 89 – 89 – 90 – 95.

10 avant — Médiane — 10 après

La médiane de cette série est égale à 81 km/h.

c. Effectif total : 40 ; Somme des angles : 360 ; coefficient : $\frac{360}{40} = 9$.

Groupe	A	B	C
Effectif	23	9	8
Angle (°)	207°	81°	72°

× 9

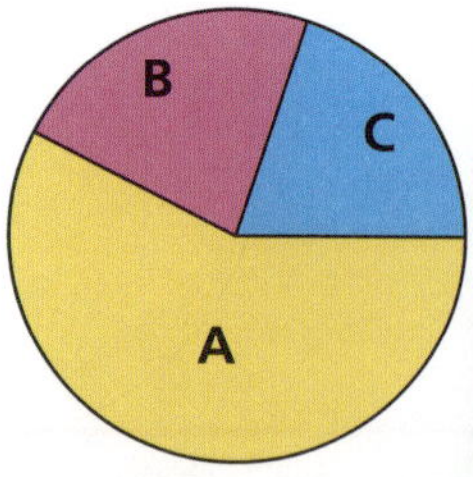

Notes

Notion de probabilité

Je retiens le cours

1 Fréquence et probabilité

- Dans une **expérience aléatoire**, le tirage se fait au hasard.
- Si on répète plusieurs fois le tirage, on peut calculer la fréquence d'apparition d'une des issues.
- Si on répète un grand nombre de fois le tirage, la **fréquence d'apparition** d'une des issues est proche de la **probabilité de cette issue**.

2 Probabilité d'une issue

On tire une boule dans une urne contenant huit boules numérotées de 1 à 8. Les boules étant indiscernables au toucher, on dit que c'est un **tirage au hasard**.

On a huit **issues** (1 – 2 – 3 – 4 – 5 – 6 – 7 – 8).

La probabilité d'obtenir une de ces issues est 1/8 ou 0,125.

Dans le cas où toutes les issues ont la même probabilité on a une situation d'équiprobabilité.

Issues	1	2	3	4	5	6	7	8
Probabilités	$\frac{1}{8}$	$\frac{1}{8}$	$\frac{1}{8}$	$\frac{1}{8}$	$\frac{1}{8}$	$\frac{1}{8}$	$\frac{1}{8}$	$\frac{1}{8}$

La probabilité de chaque issue est un nombre compris entre 0 et 1.

La somme des probabilités des huit issues est égale à 1.

Notes

3 Probabilité d'un événement

▶ Dans l'expérience aléatoire décrite au paragraphe précédent, on considère l'**événement** « le numéro obtenu est un multiple de 3 ».
Il y a 2 **issues favorables** (3 et 6) sur les 8 **issues possibles** ; la probabilité de cet événement est $\frac{2}{8}$, soit $\frac{1}{4}$ ou 0,25.
L'**événement contraire** « le numéro n'est pas un multiple de 3 » a pour probabilité $\frac{6}{8}$ ou 0,75.

▶ La somme des probabilités de deux événements contraires est toujours égale à 1.

▶ Un événement impossible (qui ne se produit jamais) a pour probabilité 0.

***Ex. :* Soit *E* l'événement « le numéro obtenu est supérieur à 9 » ; p(*E*) = 0.**

▶ Un événement certain (qui se produit toujours) a pour probabilité 1.

***Ex. :* Soit *F* l'événement « le numéro obtenu est inférieur à 9 » ; p(*F*) = 1.**

Je comprends comment faire

▶ Déterminer la probabilité d'un événement

On lance un dé parfaitement équilibré et on lit le nombre de points sur la face supérieure. Sur l'illustration ci-contre, on a obtenu le nombre 6 ; c'est une des six issues.

1° Calcule la probabilité de l'événement « le nombre obtenu est un multiple de 3 ».

2° Quel est l'événement contraire ? Quelle est sa probabilité ?

1° Un arbre permet de visualiser toutes les issues.
Parmi les six issues, il y a deux issues favorables (3 et 6).

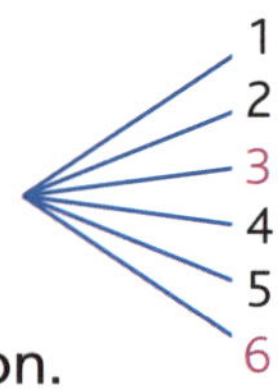

La probabilité de l'événement « le nombre obtenu est un multiple de 3 » est égale à $\frac{2}{6}$, soit $\frac{1}{3}$ après simplification.

2° L'événement contraire est « **le nombre obtenu n'est pas un multiple de 3** ». Il y a 4 issues favorables ; la **probabilité est $\frac{4}{6}$, ou $\frac{2}{3}$** après simplification.

Corrigés p. 122

Je m'entraîne

Brouillon

Exercice 1

On lance un dé parfaitement équilibré et on lit le nombre de points sur la face supérieure.

a. **Quelle est la probabilité de l'événement « le nombre obtenu est pair » ?**

....

b. **Quelle est la probabilité de l'événement « le nombre obtenu est impair » ?**

....

c. **Quelle est la probabilité de l'événement « le nombre obtenu est un multiple de 7 » ?**

....

....

Exercice 2

Un sac contient sept jetons indiscernables au toucher.
Quatre sont rouges et numérotés de 1 à 4. Trois sont bleus et numérotés de 1 à 3.

On tire au hasard un jeton (7 issues équiprobables).

Quelle est la probabilité de chacun des événements suivants ?

a. « Le jeton est de couleur rouge. »

....

b. « Le jeton porte un numéro pair. »

....

c. « Le jeton est rouge et le numéro est pair. »

....

Brouillon

Exercice 3

Une urne contient quatre jetons numérotés de 6 à 9. On tire un jeton au hasard, on note le nombre, puis on remet le jeton dans l'urne.

On tire alors un deuxième jeton et on note le nombre obtenu. On calcule le produit des deux nombres. Les seize issues sont visualisées dans un tableau à double entrée partiellement rempli.

	6	7	8	9
6	36	42	48	54
7	42	49	56	63
8	...	...	...	...
9	...	...	...	...

a. Complète le tableau et colorie les cases où le produit est un multiple de 3.

b. Quelle est la probabilité de l'événement: «le produit est un multiple de 3»?

....

c. Quelle est la probabilité de l'événement: «le produit est un multiple de 9»?

....

Exercice 4

Un sac contient 26 jetons indiscernables au toucher. Sur chacun est inscrit une lettre de l'alphabet différente. On tire au hasard un jeton.

a. Quelle est la probabilité de l'événement: «la lettre obtenue est une voyelle»?

....

b. Quel est l'événement contraire de l'événement: «la lettre obtenue est une voyelle»?
Quelle est la probabilité de cet événement?

....

....

Brouillon

Exercice 5

On jette trois fois une pièce de monnaie parfaitement équilibrée. Après chaque jet, on note si la face visible est pile (p) ou face (f). Un arbre permet de visualiser les huit issues après les trois jets.

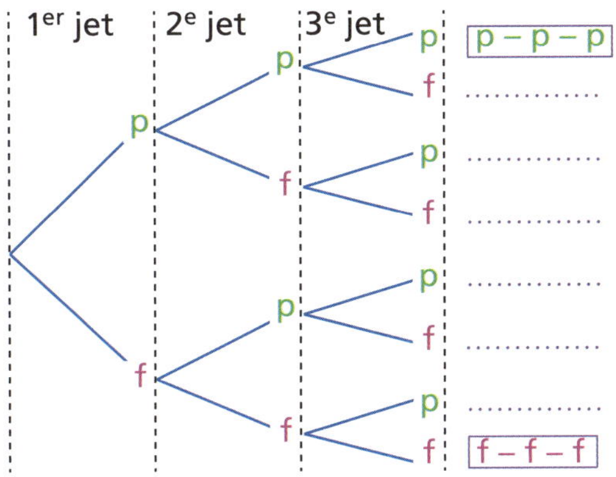

a. **Complète les 6 issues manquantes.**

b. **Quelle est la probabilité de l'événement « le tirage donne trois fois le même résultat » ?**

....

....

c. **Quelle est la probabilité de l'événement « le tirage ne donne pas trois fois le même résultat » ?**

....

....

Corrigés des exercices

Exercice 1

a. **La probabilité est 3/6** car il y a 3 nombres pairs (2; 4; 6) parmi les 6 issues possibles.
b. **La probabilité est 3/6** car il y a 3 nombres impairs (1; 3; 5) parmi les 6 issues possibles.
c. **La probabilité est 0** car il n'y a pas de multiple de 7 parmi les 6 issues possibles. On dit que c'est un « événement impossible ».

Exercice 2

Il y a 7 jetons en tout.
a. 4 jetons sont rouges; probabilité: **4/7**.
b. 3 jetons sont pairs (rouge: 2 et 4, bleu: 2); probabilité: **3/7**.
c. 2 jetons sont rouges et pairs; probabilité: **2/7**.

Exercice 3

a.

	6	7	8	9
6	36	42	48	54
7	42	49	56	63
8	**48**	**56**	**64**	**72**
9	**54**	**63**	**72**	**81**

b. 12 produits sur 16 sont des multiples de 3; **la probabilité d'obtenir un multiple de 3 est égale à 12/16** ou **3/4** après simplification.
c. 8 produits sur 16 sont des multiples de 9; **la probabilité d'obtenir un multiple de 9 est égale à $\frac{8}{16}$ soit $\frac{1}{2}$**.

Exercice 4

a. Il y a 26 issues possibles parmi lesquelles 6 sont des voyelles (a; e; i; o; u; y); **la probabilité de l'événement « la lettre obtenue est une voyelle » est égale à 6/26**, soit **3/13** après simplification.
b. L'événement contraire de l'événement « la lettre obtenue est une voyelle » est **« la lettre obtenue est une consonne ». Sa probabilité est 20/26, soit 10/13.**

Exercice 5

a. Les 6 issues manquantes sont, de haut en bas: **ppf; pfp; pff; fpp; fpf; ffp**.
b. 2 tirages sont favorables (ppp; fff); probabilité: **2/8** ou **1/4**.
c. Les 6 autres issues ne donnent pas trois fois le même résultat; probabilité: **6/8** ou **3/4**.

Partie 3

Espace et géométrie

Teste tes connaissances

Coche, pour chaque exercice, la (ou les) bonne(s) réponse(s).
Reporte-toi ensuite aux corrigés p. 126.

Leçon 19 — page 127

1 Dans quel cas peut-on construire un triangle avec les données ci-dessous ?

a. 7 cm ; 9 cm ; 1,6 cm. ☐
b. 8 cm ; 10 cm ; 9 cm. ☐
c. 9 cm ; 7 cm ; 2 cm. ☐

2 Avec les données de la figure :

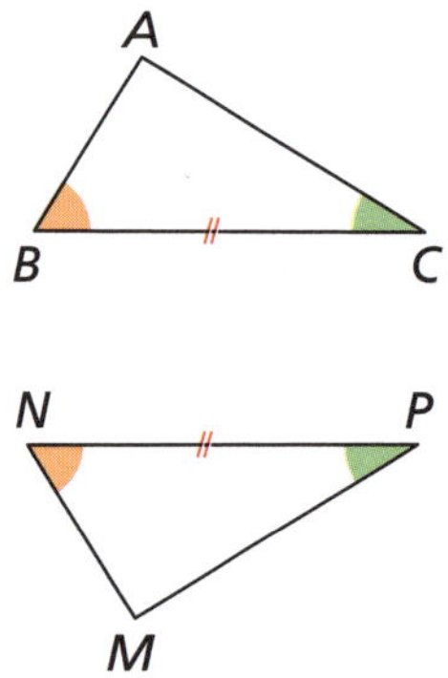

a. On en déduit que $\widehat{A} = \widehat{M}$. ☐
b. On en déduit que $AB = MN$. ☐
c. On en déduit que $AC = MP$. ☐

3 Un triangle *ABC* est tel que $\widehat{A} = 37°$ et $\widehat{B} = 53°$. On peut affirmer que :

a. $\widehat{C} = 37°$. ☐
b. $\widehat{C} = 53°$. ☐
c. $\widehat{C} = 90°$. ☐

Leçon 20 — page 133

4 On sait que $(MN) \parallel (BC)$:

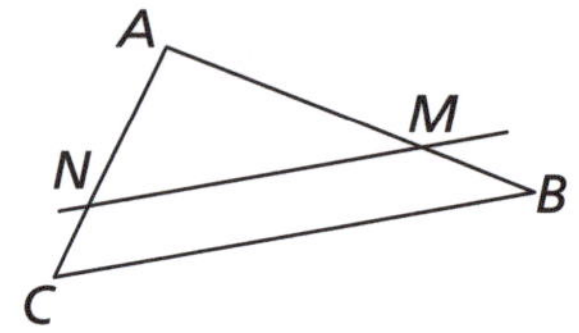

Le théorème de Thalès appliqué au triangle ABC permet d'affirmer que :

a. $NC = MB$. ☐
b. $\dfrac{AM}{AB} = \dfrac{AN}{AC}$. ☐
c. $\widehat{M} = \widehat{N}$. ☐

5 On sait que :
$K \in [ED]$, $EK = 15$ mm, $KD = 9$ mm,
$L \in [EF]$, $EL = 10$ mm et $LF = 6$ mm.

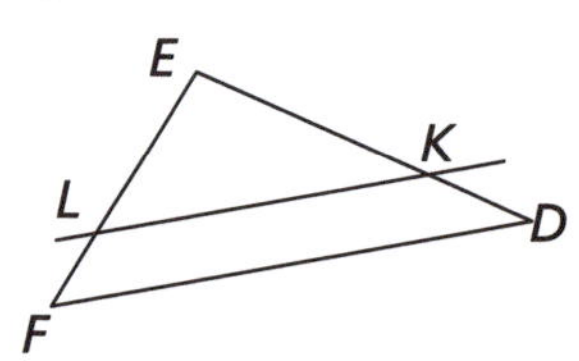

a. $\dfrac{EK}{ED} = \dfrac{EL}{EF} = \dfrac{5}{8}$. ☐
b. $(LK) \parallel (FD)$. ☐
c. $\widehat{L} = \widehat{K}$. ☐

Leçon 21 page 139

6 Dans le triangle *ABC* rectangle en A, quelle est la mesure exacte de BC ?

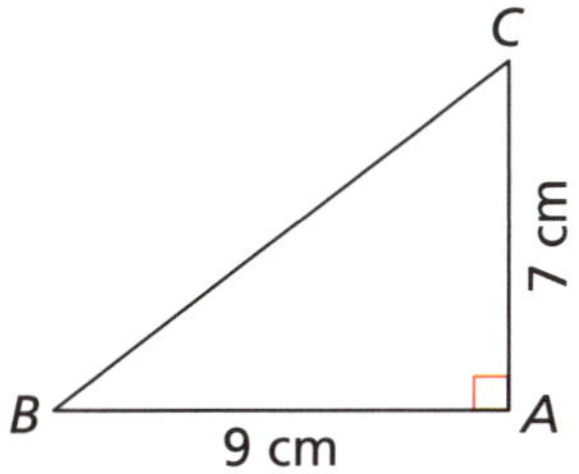

a. 130 cm. ☐
b. $\sqrt{130}$ cm. ☐
c. 11,4 cm. ☐

7 Quelles sont les données qui permettent de prouver que le triangle *ABC* est rectangle en *A* ?

a. $AB = 3$ m, $AC = 5$ m, $BC = 4$ m. ☐
b. $AB = 5$ m, $AC = 4$ m, $BC = 3$ m. ☐
c. $AB = 3$ m, $AC = 4$ m, $BC = 5$ m. ☐

8 Soit *MNP* un triangle tel que *MN* = 20 mm, *NP* = 48 mm et *PM* = 52 mm. On peut affirmer que :

a. *MNP* est rectangle en *N*. ☐
b. *MNP* n'est pas rectangle. ☐
c. *MNP* est rectangle en *P*. ☐

Leçon 22 page 145

9 Dans un triangle *ABC* rectangle en *C*, le cosinus de $\widehat{A}$ est égal à :

a. $\dfrac{AC}{AB}$ ☐
b. $\dfrac{BC}{AB}$ ☐
c. $\dfrac{CA}{CB}$ ☐

10 Avec les indications portées sur la figure, on peut affirmer que :

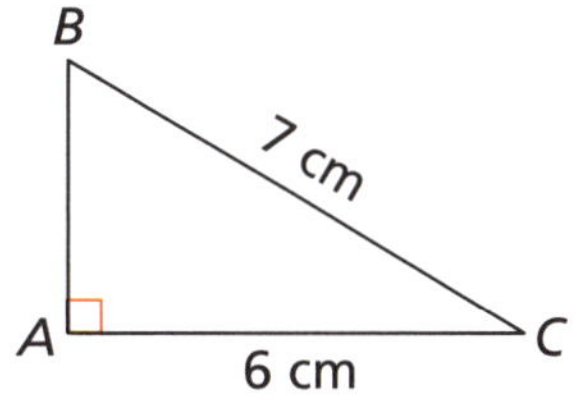

a. $\widehat{C} = \dfrac{6}{7} \approx 0{,}857$. ☐
b. $\cos \widehat{C} = \dfrac{AC}{BC}$. ☐
c. $\widehat{C} \approx 31°$. ☐

11 Avec les indications portées sur la figure, on peut affirmer que :

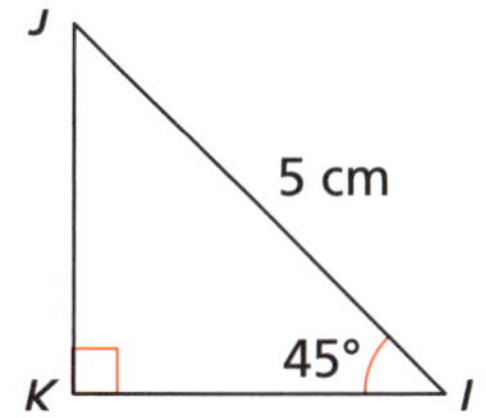

a. $\widehat{KJL} = 45°$. ☐
b. $KL = 5 \times \cos 45°$. ☐
c. $KJ = KL$. ☐

Leçon 23 page 151

12 *ABCD* est un quadrilatère tel que (*AB*) // (*CD*). À quelle condition supplémentaire sera-t-il un parallélogramme ?

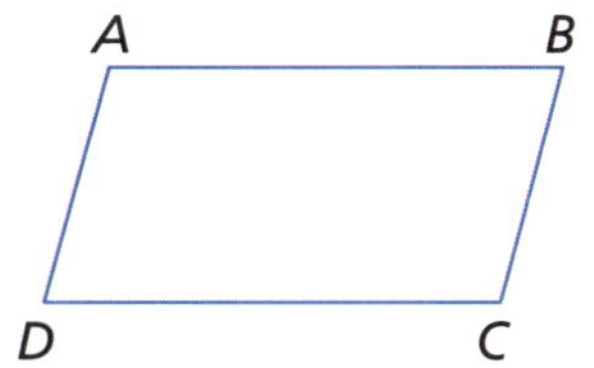

a. $AC = BD$. ☐
b. (AC) // (BD). ☐
c. (AD) // (BC). ☐

13 ***EFGH* est un parallélogramme. La translation qui amène *G* sur *H* :**

a. Amène *F* sur *E*. ☐
b. Amène *E* sur *F*. ☐
c. Amène *G* sur *F*. ☐

14 **On sait que *O* est le milieu de [*MP*].**

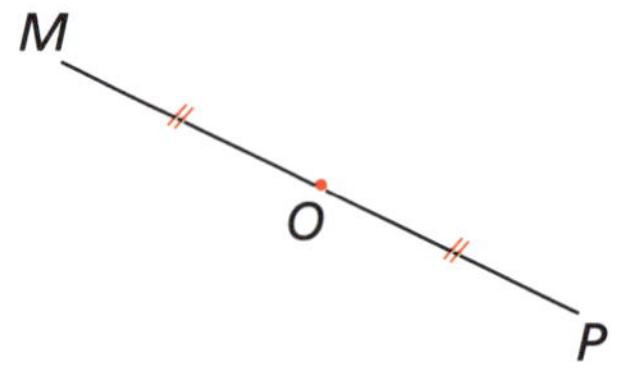

On peut affirmer que la translation qui amène le point O sur le point M amène aussi :

a. le point O sur le point P. ☐
b. le point P sur le point O. ☐
c. le point P sur le point M. ☐

Leçon 24 page 157

15 **Si une pyramide a une base carrée, alors cette pyramide a :**

a. 4 arêtes. ☐
b. 8 arêtes. ☐
c. 8 arêtes de même longueur. ☐

16 **Un cône de révolution a un rayon de base de 5 cm et une hauteur de 3 cm. Sa génératrice *SP* est telle que :**

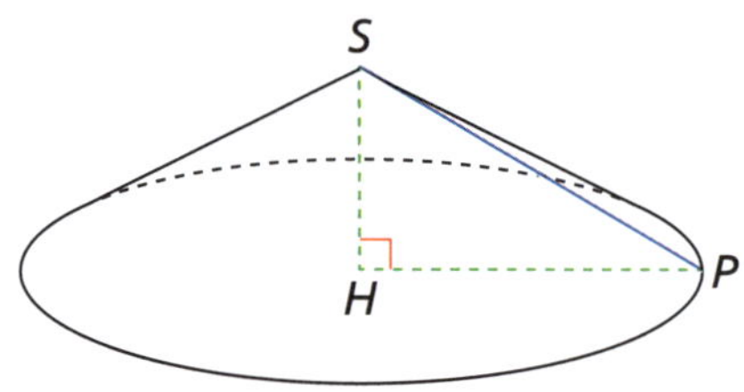

a. $SP = \sqrt{34}$ cm. ☐
b. $SP = 5{,}8$ cm. ☐
c. $SP = 4$ cm. ☐

Corrigés

1. b – **2.** a, b et c – **3.** c – **4.** b – **5.** a et b – **6.** b – **7.** c – **8.** a – **9.** a – **10.** b et c –
11. a, b et c – **12.** c – **13.** a – **14.** b – **15.** b – **16.** a.

Notes

Cas d'égalité des triangles

Je retiens le cours

1 Trois théorèmes (cas d'égalité)

▶ Si deux triangles ont un côté de même longueur adjacent à deux angles respectivement égaux, alors ils sont superposables (égaux).

1er cas

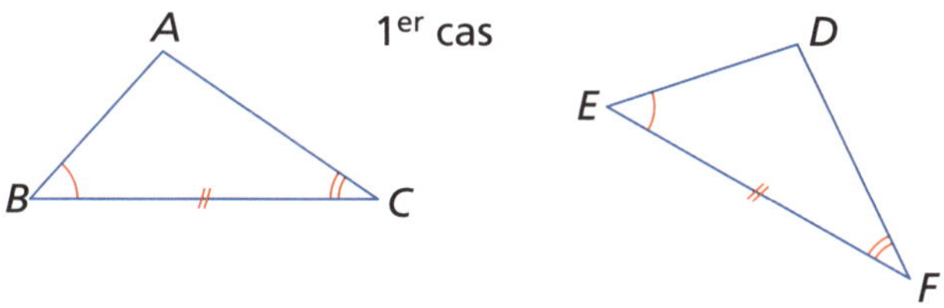

▶ Si deux triangles ont un angle égal compris entre deux côtés respectivement de même longueur, alors ils sont superposables (égaux).

2e cas

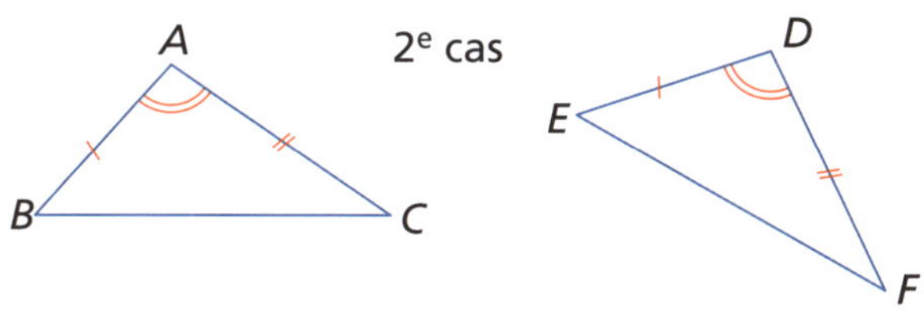

▶ Si deux triangles ont les trois côtés respectivement de même longueur, alors ils sont superposables (égaux).

3e cas

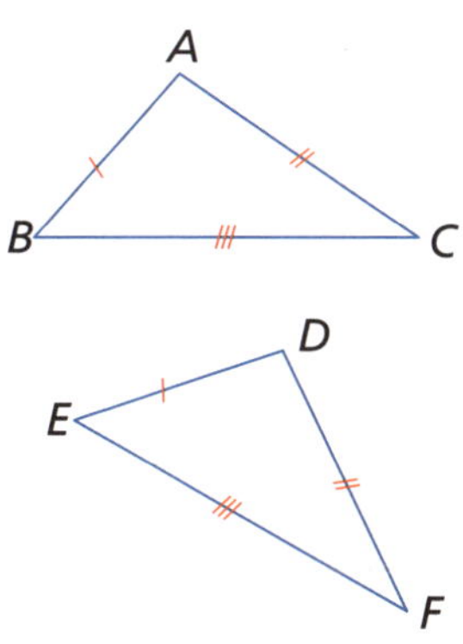

Notes

2 Propriétés des triangles

▸ La somme des angles d'un triangle est égale à 180°.

▸ Inégalité triangulaire

- A, M et B étant trois points du plan :
  - si $M \in [AB]$, alors $MA + MB = AB$;
  - si $M \notin [AB]$, alors $MA + MB > AB$.
- Dans un triangle, un côté est strictement inférieur à la somme des deux autres.

▸ Dans des triangles superposables (on dit aussi « des triangles égaux ») :
– les côtés opposés aux angles égaux sont égaux ;
– les angles opposés aux côtés égaux sont égaux.

Je comprends comment faire

▸ Utiliser un cas d'égalité

Sur les côtés $[AB]$ et $[AC]$ d'un triangle ABC, on a construit, à l'extérieur, deux triangles équilatéraux* ABE et ACF.

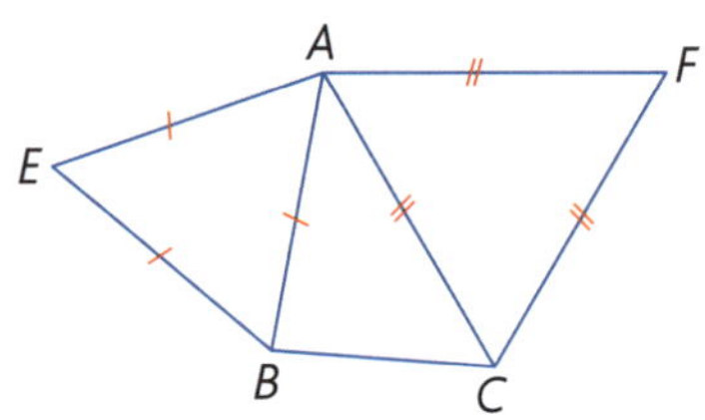

1° Démontre que les triangles EAC et BAF sont égaux.

2° Que peut-on en déduire pour les côtés et les angles de ces triangles ?

1° On complète la figure pour faire apparaître les triangles EAC et BAF.

Un triangle équilatéral a trois angles de 60°.

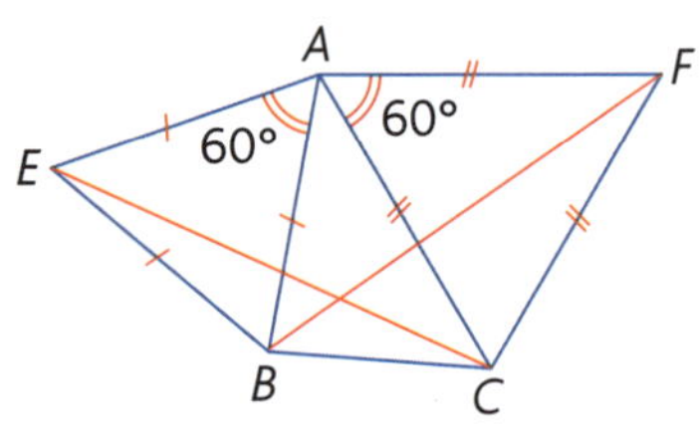

Les angles $\widehat{EAC}$ et $\widehat{BAF}$ sont égaux car :

$$\widehat{EAC} = 60° + \widehat{BAC} \text{ et } \widehat{BAF} = \widehat{BAC} + 60°.$$

Les triangles EAC et BAF ont donc un angle égal ($\widehat{EAC} = \widehat{BAF}$) compris entre deux côtés respectivement de même longueur ($AE = AB$ et $AC = AF$).

Donc les triangles **EAC et BAF sont égaux** (2e cas).

2° Tous les éléments correspondants sont superposables :

$$\boldsymbol{EC = BF \,;\ \widehat{AEC} = \widehat{ABF} \text{ et } \widehat{ACE} = \widehat{AFB}.}$$

Corrigés p. 132

Je m'entraîne

Brouillon

Exercice 1

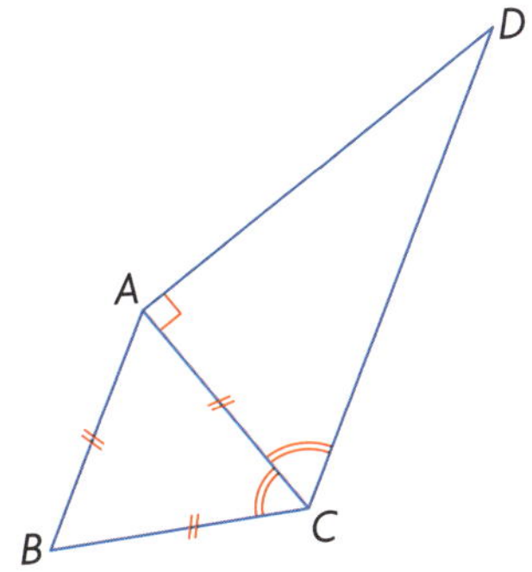

a. D'après les indications données sur la figure ci-dessus, calcule les angles du triangle *ABC*, puis ceux du triangle *ADC*.

....

....

....

....

b. Indique – étape par étape – comment procéder pour construire le quadrilatère *ABCD*.

....

....

....

....

....

....

....

....

Brouillo

Exercice 2

Dans le quadrilatère $ABCD$, la diagonale $[AC]$ est bissectrice* des angles $\widehat{BAD}$ et $\widehat{BCD}$.

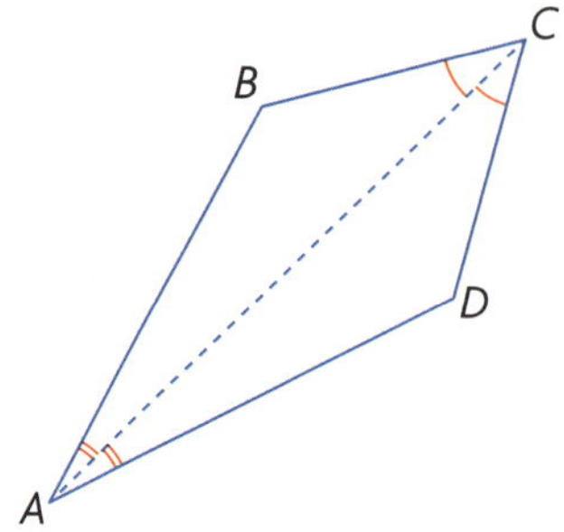

a. **Prouve que les triangles ABC et ADC sont superposables (on dit aussi « égaux »).**

b. **Que peut-on en déduire pour les angles $\widehat{ABC}$ et $\widehat{ADC}$, pour les côtés $[AB]$ et $[AD]$, $[BC]$ et $[DC]$?**

c. **(AC) est la médiatrice* de $[BD]$. Justifie cette affirmation.**

Exercice 3

Fig. 1

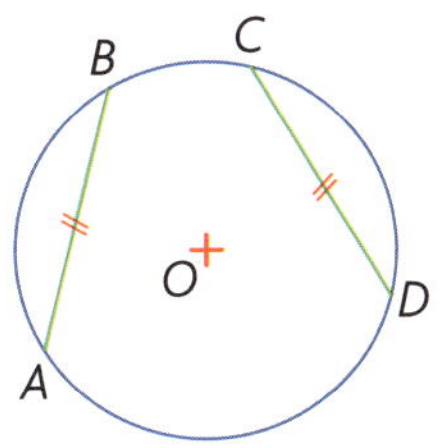

Fig. 2

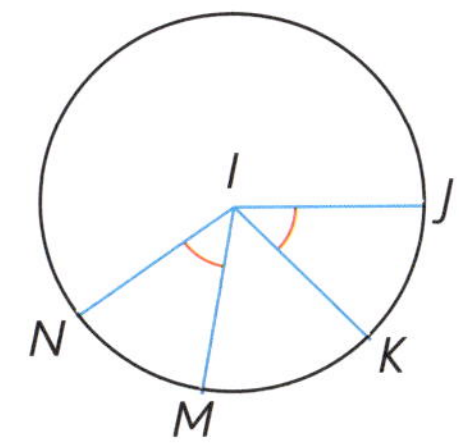

a. [*AB*] et [*CD*] sont deux cordes* d'un cercle de centre *O* telles que *AB* = *CD* (figure 1).

Prouve que les triangles *AOB* et *COD* sont égaux.

....

....

....

Que peut-on en déduire pour les angles au centre* $\widehat{AOB}$ et $\widehat{COD}$?

....

....

....

b. $\widehat{JIK}$ et $\widehat{MIN}$ sont deux angles au centre d'un cercle de centre *I* tels que $\widehat{JIK} = \widehat{MIN}$ (figure 2).

Prouve que les triangles *JIK* et *MIN* sont égaux.

....

....

....

Que peut-on en déduire pour les cordes [*JK*] et [*MN*] ?

....

....

....

Brouillon

Corrigés des exercices

Exercice 1

a. On a : $AB = BC = CA$; ABC est équilatéral ; par suite $\widehat{ABC} = \widehat{BCA} = \widehat{CAB} = 60°$.
On a : $\widehat{CAD} = 90°$ et $\widehat{ACD} = 60°$; d'où : $\widehat{ADC} = 30°$ car $180° - (90° + 60°) = 30°$.
b. Dans l'ordre :
– on trace le segment $[AC]$;
– on trace dans le même demi-plan de frontière (AC), deux arcs de cercles de rayon égal à AC, l'un de centre A, l'autre de centre C ;
– on appelle B l'intersection des deux arcs ;
– on trace les segments $[BA]$ et $[BC]$;
– on trace, dans le demi-plan de frontière (AC) ne contenant pas B, une demi-droite $[Ax$ perpendiculaire en A à la droite (AC) et une demi-droite $[Cy$ telle que $\widehat{ACy} = 60°$;
– on appelle D l'intersection de $[Ax$ et $[Cy$.

Exercice 2

a. Les triangles ABC et ADC sont tels que $AC = AC$ (côté commun) ; $\widehat{BAC} = \widehat{DAC}$ (bissectrice de $\widehat{BAD}$) et $\widehat{BCA} = \widehat{DCA}$ (bissectrice de $\widehat{BCD}$) ; alors **les triangles sont superposables** (1er cas d'égalité).
b. Les éléments correspondants sont égaux ; d'où : $\widehat{ABC} = \widehat{ADC}$, $AB = AD$ et $CB = CD$.
c. On vient de prouver que $AB = AD$ et $CB = CD$.
Or : « si un point est équidistant* des extrémités d'un segment, il est sur la médiatrice de ce segment ».
Donc A et C appartiennent à la médiatrice de $[BD]$; **la droite (AC) est la médiatrice de $[BD]$**.
Remarque : on en déduit que les triangles ABC et ADC sont symétriques* par rapport à la droite (AC).

Exercice 3

a. Les triangles AOB et COD sont tels que $AB = CD$ (deux cordes d'égale longueur) ; $OA = OC$ (rayons du cercle) et $OB = OD$ (rayons du cercle). **Les triangles AOB et COD sont égaux** (3e cas d'égalité).
Si deux triangles sont égaux, les angles opposés aux côtés égaux sont égaux, en particulier $\widehat{AOB} = \widehat{COD}$.
Remarque : on démontre ainsi que « **dans un cercle, si deux cordes sont égales alors les angles au centre associés sont égaux** ».
b. Les triangles JIK et MIN sont tels que $\widehat{JIK} = \widehat{MIN}$ (deux angles au centre égaux) ; $IJ = IM$ (rayons du cercle) et $IK = IN$ (rayons du cercle).
Les triangles JIK et MIN sont égaux (2e cas d'égalité).
Si deux triangles sont égaux, les côtés opposés aux angles égaux sont égaux, en particulier $JK = MN$.
Remarque : on démontre ainsi que « **dans un cercle, si deux angles au centre sont égaux, alors les cordes associées sont égales** ».

Configuration de Thalès

Notes

Je retiens le cours

1 Théorème de Thalès

▶ Le théorème de Thalès s'applique lorsqu'on sait qu'une droite, parallèle à un côté d'un triangle, coupe les deux autres côtés.

Il permet de démontrer que des quotients sont égaux et de calculer des longueurs.

On sait :

ABC est un triangle.

$M \in [AB]$ et $N \in [AC]$

$(MN) // (BC)$.

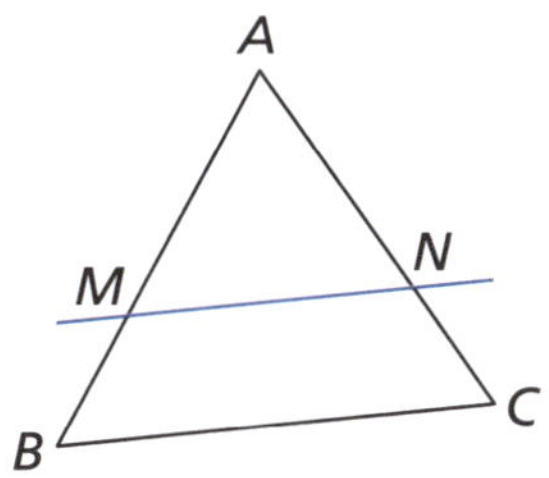

On en déduit :

$\frac{AM}{AB} = \frac{AN}{AC} = \frac{MN}{BC}$.

▶ Les côtés du triangle *AMN* sont proportionnels à ceux du triangle *ABC* (*AMN* est une réduction du triangle *ABC*).

2 Réciproque du théorème de Thalès

▶ Le théorème réciproque du théorème de Thalès permet de prouver qu'une droite est parallèle à un côté d'un triangle.

On sait :

ABC est un triangle.

$M \in [AB]$ et $N \in [AC]$

$\frac{AM}{AB} = \frac{AN}{AC}$.

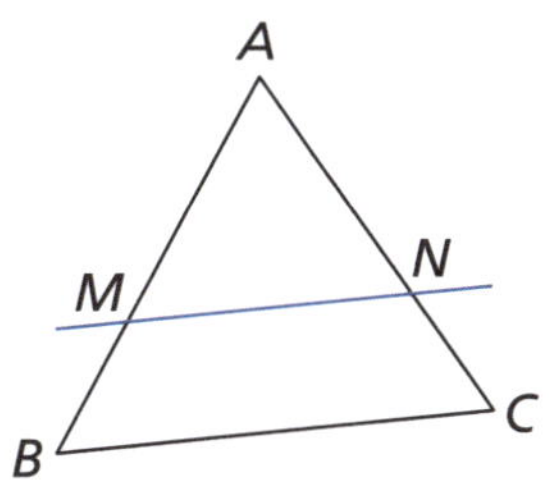

On en déduit :

$(MN) // (BC)$.

Ex. : *ABC* est un triangle ; $M \in [AB]$, $AM = 2{,}4$ cm et $AB = 3{,}6$ cm ;
$N \in [AC]$, $AN = 1{,}4$ cm et $AC = 2{,}1$ cm.

On calcule $\frac{AM}{AB} = \frac{2{,}4}{3{,}6} = \frac{24}{36} = \frac{2}{3}$; $\frac{AN}{AC} = \frac{1{,}4}{2{,}1} = \frac{14}{21} = \frac{2}{3}$.

D'où l'égalité $\frac{AM}{AB} = \frac{AN}{AC}$ dont on déduit $(MN) // (BC)$.

❸ Cas particulier

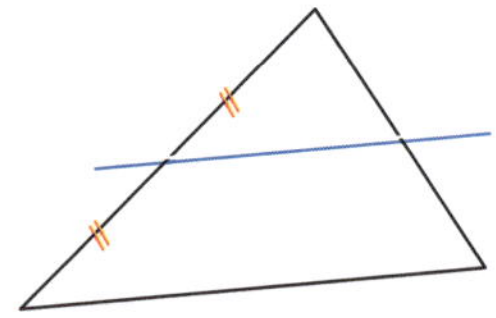

▶ Dans un triangle, si une droite passe par le milieu d'un côté et est parallèle à un deuxième côté, alors elle coupe le troisième côté en son milieu.

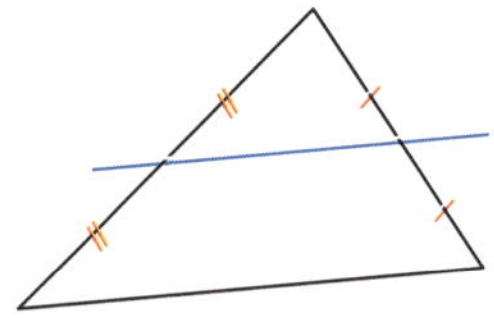

▶ Dans un triangle, si une droite passe par les milieux de deux côtés, alors elle est parallèle au troisième côté.

Notes

Je comprends comment faire

▶ Appliquer le théorème de Thalès

Soit *MNP* un triangle tel que $MN = 24$ mm ; $MP = 30$ mm et $PN = 36$ mm.

Les points *J* et *K* sont tels que $J \in [MN]$ et $MJ = 18$ mm ; $K \in [MP]$ et $(JK) \parallel (NP)$.

1° Fais une figure.

2° Calcule le périmètre du triangle *MJK*.

1° Protocole de construction de la figure :

- On construit le triangle *MNP* dont on connaît les trois côtés.
- On place le point *J* sur [*MN*] à 18 mm de *M*.
- On trace la parallèle au côté (*NP*) passant par *J*. Elle coupe [*MP*] en *K*.

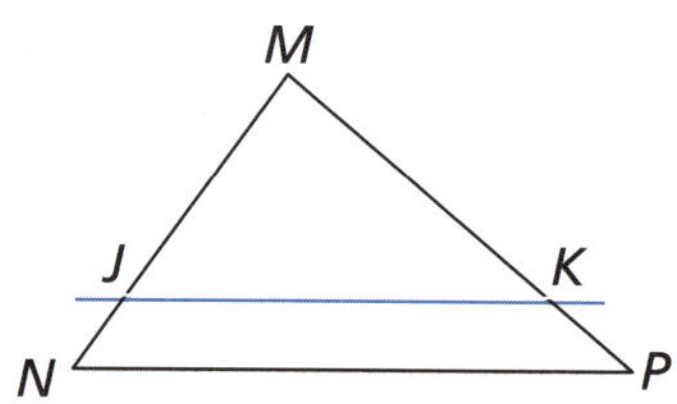

2° On sait que $(JK) \parallel (NP)$.

Le théorème de Thalès permet d'écrire : $\dfrac{MJ}{MN} = \dfrac{MK}{MP} = \dfrac{JK}{NP}$.

Avec les données, on a : $\dfrac{18}{24} = \dfrac{MK}{30} = \dfrac{JK}{36}$.

De l'égalité $\dfrac{18}{24} = \dfrac{MK}{30}$ on déduit $24 \times MK = 18 \times 30$ et $MK = \dfrac{18 \times 30}{24}$;
$MK = 22{,}5$ mm.

De l'égalité $\dfrac{18}{24} = \dfrac{JK}{36}$ on déduit $24 \times JK = 18 \times 36$ et $JK = \dfrac{18 \times 36}{24}$;
$JK = 27$ mm.

Périmètre du triangle *MJK* : 67,5 mm car $18 + 22{,}5 + 27 = 67{,}5$.

Corrigés p. 138

Brouillon

Je m'entraîne

Exercice 1

La figure à main levée ci-contre ne respecte pas les dimensions.

On sait que $AB = 3{,}5$ cm ; $AM = 2{,}5$ cm ; $AC = 4{,}9$ cm ; $(MN) \parallel (BC)$.

Calcule AN, puis NC.

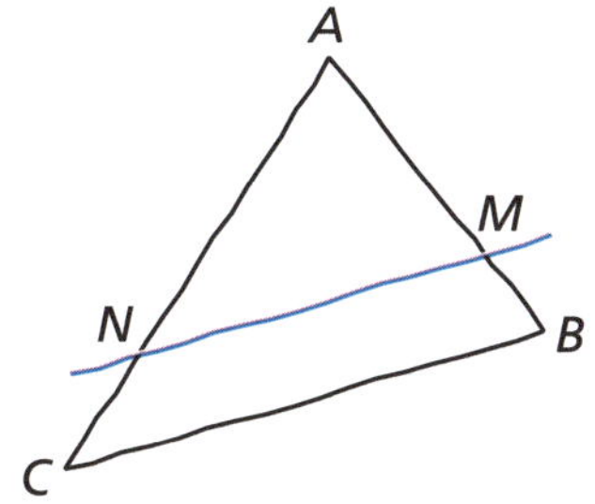

Exercice 2

Soit EDF un triangle tel que $ED = 32$ mm, $DF = 60$ mm et $FE = 44$ mm.

M sur $[ED]$ et N sur $[EF]$ sont tels que $EM = 8$ mm et $EN = 11$ mm.

a. **Fais une figure.**

b. **Prouve que (MN) et (DF) sont parallèles.**

Exercice 3

ABC est un triangle quelconque.
On sait que *M* est le milieu de [*AB*] et *N* celui de [*AC*].

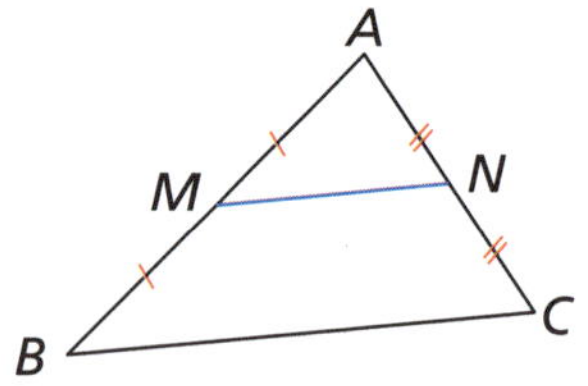

a. **Prouve que (*MN*) // (*BC*).**

....

....

....

b. Léa affirme que la longueur *MN* est égale à la moitié de la longueur *BC*. **Justifie cette affirmation.**

....

....

....

Exercice 4

Observe les indications portées sur la figure.

Pour chaque affirmation, indique la propriété du cours qui la justifie.

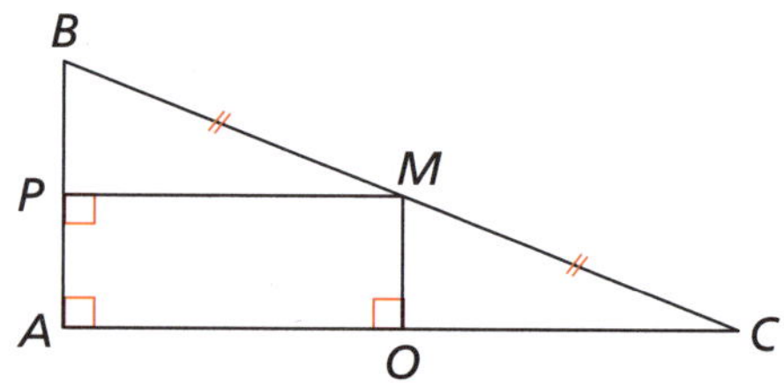

a. (*MO*) // (*AB*) et (*MP*) // (*AC*)

car ....

....

b. *O* est le milieu de [*AC*] car ....

....

c. *P* est le milieu de [*AB*] car ....

....

d. (*OP*) // (*BC*) car ....

....

Brouillon

Exercice 5

Les points A, B et C sont alignés.
Les points A, D et E sont alignés.
Les points A, F et G sont alignés.
Les droites (BD) et (CE) sont parallèles.
Les droites (DF) et (EG) sont parallèles.

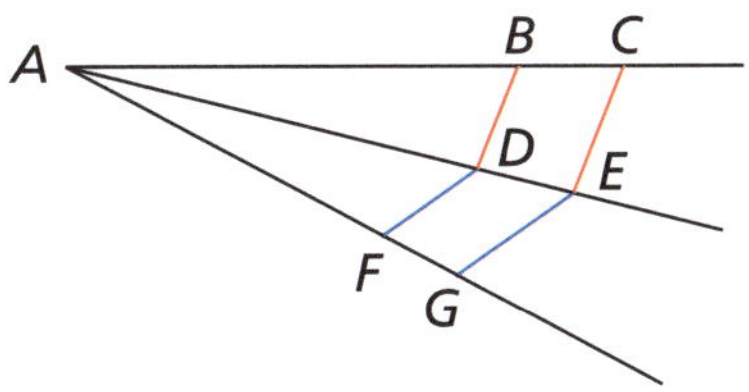

a. On a $\frac{AB}{AC} = \frac{AD}{AE}$. **Justifie cette affirmation.**

....

....

....

....

b. $\frac{AD}{AE} = \frac{AF}{AG}$. **VRAI** ☐ **FAUX** ☐

c. **Prouve que les droites (BF) et (CG) sont parallèles.**

....

....

....

....

....

....

....

Brouillon

Corrigés des exercices

Exercice 1

Dans le triangle ABC, on sait que $(MN) // (BC)$; d'après le théorème de Thalès, on a : $\frac{AM}{AB} = \frac{AN}{AC}$; $\frac{2,5}{3,5} = \frac{AN}{4,9}$; d'où : $3,5 \times AN = 2,5 \times 4,9$; $AN = \frac{2,5 \times 4,9}{3,5}$; $\boldsymbol{AN} = 3,5$ cm.
$NC = AC - AN$; $\boldsymbol{NC = 1,4}$ **cm** car $4,9 - 3,5 = 1,4$.

Exercice 2

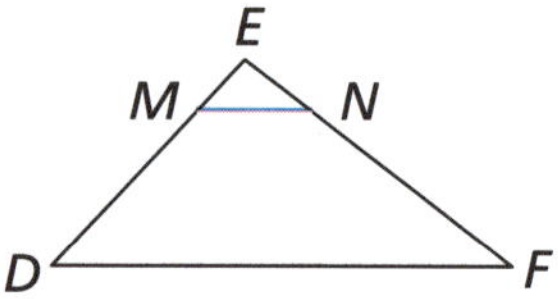

a. Figure ci-contre (échelle ½).

b. $M \in [ED]$ et $\frac{EM}{ED} = \frac{8}{32} = \frac{1}{4}$; $N \in [EF]$ et $\frac{EN}{EF} = \frac{11}{44} = \frac{1}{4}$.

D'où : $\frac{EM}{ED} = \frac{EN}{EF}$. D'après la réciproque du théorème de Thalès, on a $\boldsymbol{(MN) // (DF)}$.

Exercice 3

a. M est le milieu de $[AB]$, donc $AM = \frac{1}{2}AB$ et $\frac{AM}{AB} = \frac{1}{2}$; de même $\frac{AN}{AC} = \frac{1}{2}$ car N est le milieu de $[AC]$; d'où : $\frac{AM}{AB} = \frac{AN}{AC}$; d'après la réciproque du théorème de Thalès, on en déduit $\boldsymbol{(MN) // (BC)}$.

Remarque : On peut aussi utiliser le théorème : « *Dans un triangle, si une droite passe par les milieux de deux côtés, alors elle est parallèle au troisième côté* ».

b. Sachant que $(MN) // (BC)$, le théorème de Thalès permet d'écrire $\frac{AM}{AB} = \frac{AN}{AC} = \frac{MN}{BC}$.

Par suite, $\frac{MN}{BC} = \frac{1}{2}$ et $\mathbf{MN} = \boldsymbol{\frac{1}{2}}\,\mathbf{BC}$.

Exercice 4

a. $(MO) // (AB)$ et $(MP) // (AC)$ **car *AOMP* a trois angles droits, c'est donc un rectangle ; par suite, ses côtés opposés sont parallèles.**

b. O est le milieu de $[AC]$ car **la droite (MO), parallèle à (AB), passe par le milieu M du côté $[BC]$; (MO) coupe donc le côté $[AC]$ en son milieu.**

c. On démontre, comme à la question b. que P est le milieu de $[AB]$.

d. $(OP) // (BC)$ **car la droite (OP), qui joint les milieux de deux côtés du triangle *ABC*, est parallèle au troisième côté $[BC]$ de ce triangle.**

Exercice 5

a. Dans ACE : $B \in [AC]$; $D \in [AE]$ et $(BD) // (CE)$; d'où : $\frac{AB}{AC} = \frac{AD}{AE}$ **(théorème de Thalès).**

b. $\frac{AD}{AE} = \frac{AF}{AG}$. **VRAI** (Théorème de Thalès dans AEG avec $(FD) // (EG)$).

c. De $\frac{AB}{AC} = \frac{AD}{AE}$ et $\frac{AD}{AE} = \frac{AF}{AG}$ on tire : $\frac{AB}{AC} = \frac{AF}{AG}$.

D'après la réciproque du théorème de Thalès on en déduit $(BF) // (CG)$.

SÉANCE DU ....

Relation de Pythagore

Je retiens le cours

1 Carré. Racine carrée

▸ « *ABCD* est un carré »; le mot « **carré** » désigne un quadrilatère.

Ex. : **Si le côté d'un carré a pour mesure 3 cm, son aire *A* (en cm^2) est telle que $A = 3 \times 3$, que l'on note 3^2 et qui est égal à 9.**

▸ « 9 est le carré de 3 »; le mot « **carré** » désigne un nombre qui est un produit de deux facteurs égaux : $9 = 3 \times 3 = 3^2$.

Inversement, « 3 est la **racine carrée** de 9 »; on écrit : « $3 = \sqrt{9}$ ».

De manière générale, si a est un nombre positif : $(\sqrt{a})^2 = a$

2 Théorème de Pythagore

▸ Si un triangle est rectangle, alors le carré de l'hypoténuse* est égal à la somme des carrés des côtés de l'angle droit.

Ex. : **Si on sait que *BAC* est un triangle rectangle en *A*, on déduit : $BC^2 = AB^2 + AC^2$ (égalité de Pythagore).**

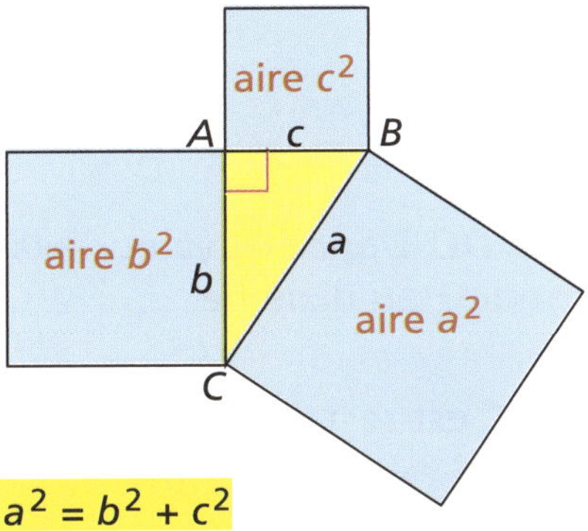

$a^2 = b^2 + c^2$

▸ Chaque fois que l'on sait qu'un triangle est rectangle, on peut écrire l'égalité de Pythagore et l'utiliser.

Notes

3 Réciproque du théorème de Pythagore

Si, dans un triangle, le carré d'un côté est égal à la somme des carrés des deux autres côtés, alors ce triangle est rectangle.

Ex. : **NP est le plus grand côté ; $NP^2 = 25^2 = 625$;**
$MP^2 + MN^2 = 15^2 + 20^2 = 625$.
On a : $NP^2 = MP^2 + MN^2$
(l'égalité de Pythagore est vérifiée).
On en déduit :
MNP est un triangle rectangle en M.

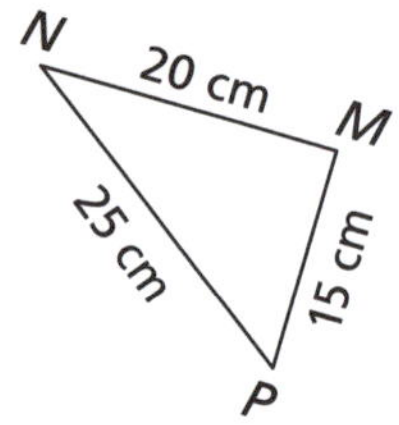

Je comprends comment faire

Calculer un côté d'un triangle rectangle

La figure ci-dessous représente deux triangles rectangles ayant la même hypoténuse.

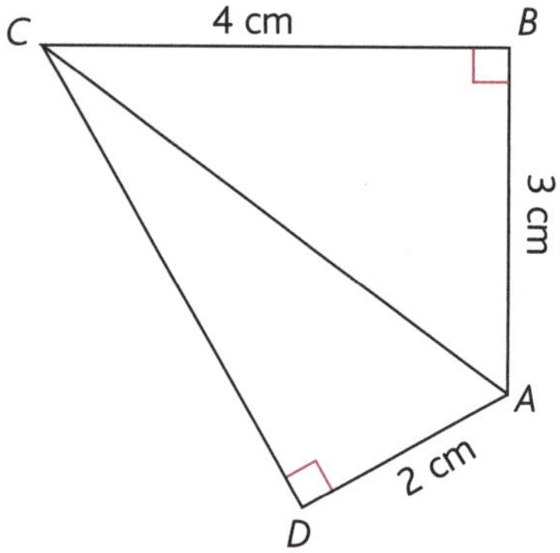

Calcule AC, puis DC. Donne la valeur exacte, puis, au besoin, la valeur, arrondie* au dixième.

• Le triangle ABC est rectangle en B ; son hypoténuse est $[AC]$.

Dans un triangle rectangle, le carré de l'hypoténuse est égal à la somme des carrés des deux autres côtés.

D'où : $AC^2 = BA^2 + BC^2$; $AC^2 = 3^2 + 4^2$; $AC^2 = 25$;

AC est la racine carrée de 25 ; $AC = \sqrt{25}$; $\mathbf{AC = 5}$ **cm**.

• Le triangle ADC est rectangle en D ; son hypoténuse est $[AC]$.

On a : $AC^2 = DA^2 + DC^2$; $25 = 2^2 + DC^2$; $DC^2 = 25 - 4$; $DC^2 = 21$;

$\mathbf{DC = \sqrt{21}}$; la calculatrice affiche : 4.5825… ; $\mathbf{DC \approx 4{,}6}$ **cm**.

Notes

Corrigés p. 144

Je m'entraîne

Brouillon

Exercice 1

Calcule l'hypoténuse* *PQ* du triangle rectangle *PQR* dans chacun des cas suivants.

a. $PR = 6$ cm et $RQ = 8$ cm.

$PQ^2 = RQ^2 + PR^2 =$

$PQ^2 = 8^2 + 6^2 = PQ^2 = 100$

$PQ = \sqrt{100} = 10$ cm $PQ = 10$ cm

b. $PR = 9{,}5$ cm et $RQ = 6{,}7$ cm (résultat arrondi au dixième).

Exercice 2

Calcule le côté *OH* du triangle *OHK* rectangle en *O* dans chacun des cas suivants.

a. $HK = 13$ m et $OK = 5$ m.

b. $HK = 11$ m et $OK = 7{,}5$ m (résultat arrondi au centième).

Exercice 3

Une voile triangulaire a des côtés mesurant respectivement 299cm, 276 cm et 115 cm.

Cette voile a-t-elle la forme d'un triangle rectangle ?

....

....

....

....

Exercice 4

ABCD est un rectangle de centre *O*.

On a : $AB = 60$ mm et $BC = 25$ mm.

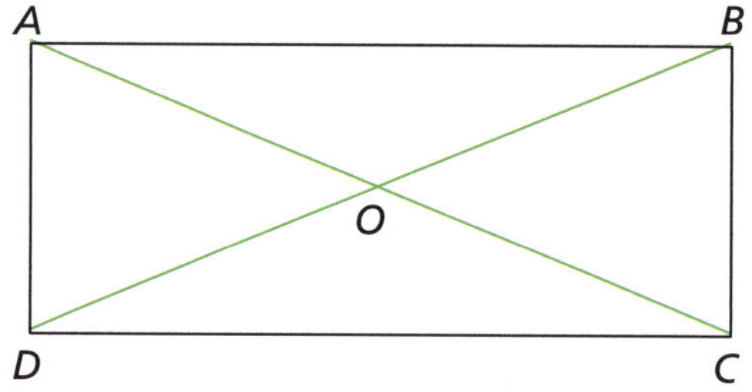

a. Calcule *AC* (diagonale du rectangle).

....

....

b. Calcule *OA* (rayon du cercle circonscrit* au rectangle).

....

....

c. Calcule le périmètre du cercle circonscrit* au rectangle.

....

....

Brouillon

Brouillon

Exercice 5

Une corde comportant 13 nœuds séparant 12 intervalles de même longueur est utilisée par les hommes de terrain pour tracer des droites perpendiculaires sur un sol plat. Voici comment ils procèdent :

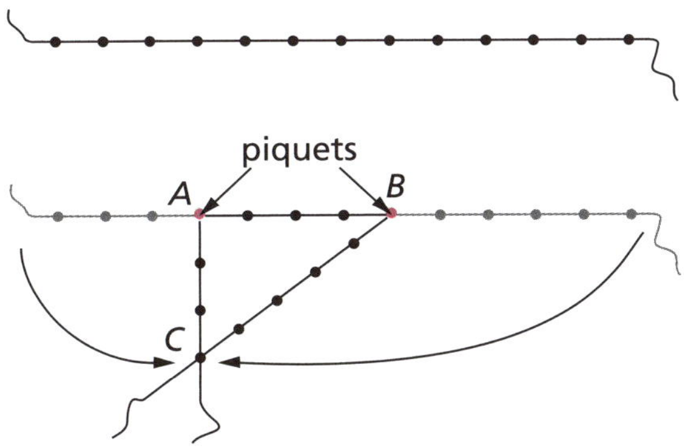

a. **Justifie cette méthode en prouvant que le triangle *ABC* est bien rectangle en *A*.**

....

....

....

....

b. **Le triangle serait-il encore rectangle si on prenait 3 intervalles pour *AB*, 3 pour *AC* et 6 pour *BC* ?**

....

....

....

....

....

....

Corrigés des exercices

Exercice 1

Le théorème de Pythagore appliqué au triangle PQR rectangle en R donne :
a. $PQ^2 = PR^2 + RQ^2$ soit $PQ^2 = 6^2 + 8^2$; $PQ^2 = 100$, d'où $PQ = \sqrt{100}$ et $\boldsymbol{PQ = 10}$ **cm**.
b. $PQ^2 = PR^2 + RQ^2$ soit $PQ^2 = 9{,}5^2 + 6{,}7^2$; $PQ^2 = 135{,}14$.
On en déduit $PQ = \sqrt{135{,}14}$ (valeur exacte) et $\boldsymbol{PQ \approx 11{,}6}$ **cm** (arrondi au dixième).

Exercice 2

a. Le théorème de Pythagore appliqué au triangle OHK rectangle en O donne :
$HK^2 = OH^2 + OK^2$; $13^2 = OH^2 + 5^2$; $OH^2 = 13^2 - 5^2$; $OH^2 = 169 - 25$; $OH^2 = 144$.
D'où $OH = \sqrt{144}$; $\boldsymbol{OH = 12}$ **m.**
b. Le théorème de Pythagore appliqué au triangle OHK rectangle en O donne :
$HK^2 = OH^2 + OK^2$; $11^2 = OH^2 + 7{,}5^2$; $OH^2 = 11^2 - 7{,}5^2$; $OH^2 = 121 - 56{,}25$; $OH^2 = 64{,}75$.
D'où $OH = \sqrt{64{,}5}$ (valeur exacte) ; $\boldsymbol{OH = 8{,}05}$ **m (arrondi au centième).**

Exercice 3

$276^2 + 115^2 = 76\,176 + 13\,225 = 89\,401$; $299^2 = 89\,401$.
Par suite, on a $276^2 + 115^2 = 299^2$. L'égalité de Pythagore est vérifiée ;
cette voile a la forme d'un triangle rectangle.

Exercice 4

a. Dans le triangle ABC, rectangle en B, on a : $AC^2 = AB^2 + BC^2$ (égalité de Pythagore) ;
$AC^2 = 60^2 + 25^2$; $AC^2 = 4\,225$; $AC = \sqrt{4\,225}$; $\boldsymbol{AC = 65}$ **mm.**
b. Dans un rectangle, les diagonales se coupent en leur milieu ;
O est le milieu de $[AC]$ et $OA = AC : 2$; $\boldsymbol{OA = 32{,}5}$ **mm.**
c. Le cercle circonscrit au rectangle a pour centre O et pour rayon 32,5 mm.
Son périmètre est égal à 65π mm, soit environ 204 mm car $2 \times \pi \times 32{,}5 \approx 204$.

Exercice 5

a. D'après la position de la corde : $AB = 4$, $AC = 3$ et $BC = 5$.
$AB^2 = 16$, $AC^2 = 9$ et $BC^2 = 25$. Donc $BC^2 = AB^2 + AC^2$.
L'égalité de Pythagore est vérifiée.
D'après la réciproque du théorème de Pythagore, le triangle ABC est rectangle en A.
Par suite, $\widehat{BAC}$ **est un angle droit.**
b. On aurait $AB = AC = 3$ et $BC = 6$.
$BC^2 = 6^2 = 36$. $AB^2 + AC^2 = 3^2 + 3^2 = 18$.
$BC^2 \neq AB^2 + AC^2$ (l'égalité de Pythagore ne serait pas vérifiée).
Le triangle ne serait pas rectangle.

Notes

Cosinus d'un angle aigu d'un triangle rectangle

Je retiens le cours

1 Reconnaître un triangle rectangle

▸ Si un triangle a un angle droit (ou deux angles aigus complémentaires), **alors c'est un triangle rectangle**.

▸ Si un triangle a des côtés qui vérifient l'égalité de Pythagore, **alors c'est un triangle rectangle.**

▸ Si un triangle est inscrit dans un cercle ayant pour diamètre un de ses côtés **alors c'est un triangle rectangle.**

2 Cosinus d'un angle aigu d'un triangle rectangle

▸ Le triangle est rectangle en A ; le côté $[BC]$ en est l'**hypoténuse**.

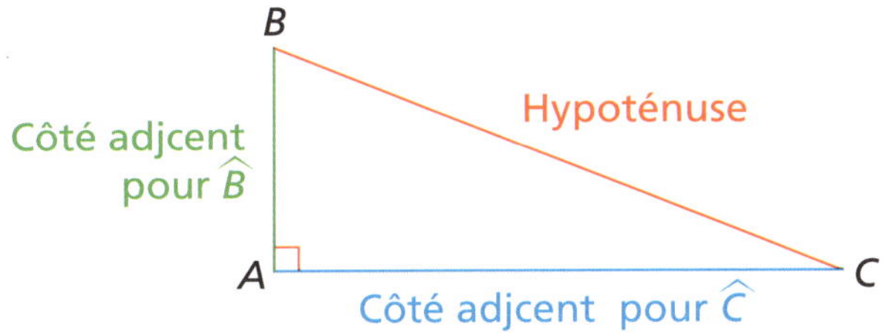

L'angle $\widehat{B}$ est un angle aigu ; le cosinus de l'angle $\widehat{B}$ se note cos $\widehat{B}$.

On a : $\cos \widehat{B} = \dfrac{\text{côté adjacent pour } \widehat{B}}{\text{hypoténuse}}$; $\cos \widehat{B} = \dfrac{BA}{BC}$

L'angle $\widehat{C}$ est un angle aigu ; le cosinus de l'angle $\widehat{C}$ se note cos $\widehat{C}$.

On a : $\cos \widehat{C} = \dfrac{\text{côté adjacent pour } \widehat{C}}{\text{hypoténuse}}$; $\cos \widehat{C} = \dfrac{CA}{CB}$

▸ Le cosinus d'un angle aigu est un nombre compris entre 0 et 1.

Ex. : Pour la figure ci-dessus on a : $BC = 6{,}5$ cm et $BA = 2{,}5$ cm ;

$\cos \widehat{B} = \dfrac{BA}{BC} = \dfrac{2{,}5}{6{,}5}$ soit environ 0,384615 ...

La touche arccos ou $\cos^{-1}$ de la calculatrice donne $\widehat{B} \approx 67°$.

Notes

Je comprends comment faire

Utiliser le cosinus pour calculer un angle aigu

Soit ABC un triangle rectangle en B tel que $AB = 26$ mm et $AC = 44$ mm.

1° Calcule l'angle $\widehat{A}$.

2° Déduis-en la valeur de $\widehat{C}$.

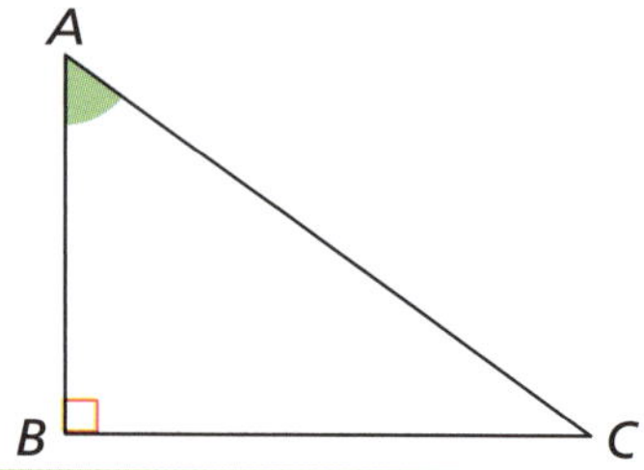

1° $\widehat{A}$ est un angle aigu du triangle rectangle ABC.

$$\cos\widehat{A} = \frac{\text{côté adjacent pour } \widehat{A}}{\text{hypoténuse}}\ ;\ \cos\widehat{A} = \frac{AB}{AC}\ ;\ \cos\widehat{A} = \frac{26}{44}.$$

Avec la séquence $\boxed{\cos^{-1}}$ 26 $\boxed{:}$ 44 $\boxed{=}$ on obtient $\boldsymbol{\widehat{A} \approx 54°}$.

2° **Les angles aigus d'un triangle rectangle sont complémentaires.**

$\widehat{A}$ et $\widehat{C}$ sont complémentaires : $\widehat{A} + \widehat{C} = 90°$;

$\boldsymbol{\widehat{C} \approx 36°}$ car $90° - 54° = 36°$.

Utiliser le cosinus pour calculer un côté d'un triangle rectangle

DEF est un triangle rectangle en D.

On sait que $FE = 4$ cm et $\widehat{F} = 30°$.

1° Calcule FD.

2° Calcule $\widehat{E}$, puis ED.

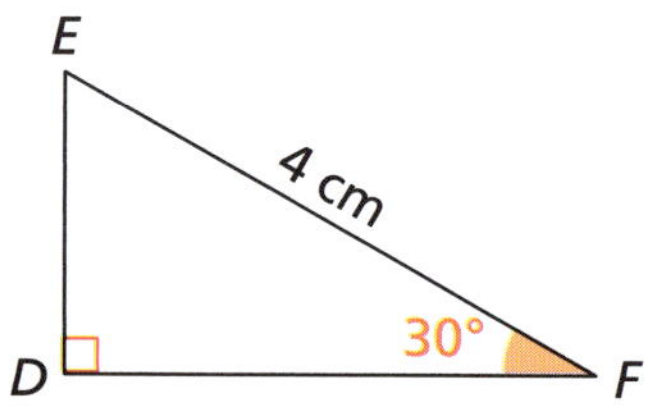

1° On sait que $\cos\widehat{F} = \dfrac{\text{côté adjacent pour } \widehat{F}}{\text{hypoténuse}}$; $\cos\widehat{F} = \dfrac{FD}{FE}$.

On en déduit : $FD = FE \times \cos\widehat{F}$; $FD = 4 \times \cos 30°$.

Pour cos 30°, calculatrice affiche 0,866… ; d'où : $\boldsymbol{FD \approx 3{,}5}$ **cm**.

2° $\widehat{E}$ et $\widehat{F}$ sont complémentaires ; $\boldsymbol{\widehat{E} = 60°}$ car $90° - 30° = 60°$.

$\cos\widehat{E} = \dfrac{ED}{EF}$; d'où $ED = EF \times \cos\widehat{E}$; $ED = 4 \times \cos 60°$.

Pour cos 60°, la calculatrice affiche 0,5 ; par suite : $\boldsymbol{ED = 2}$ **cm**.

Corrigés p. 150

Je m'entraîne

Brouillon

Exercice 1

Le triangle *ABC* est tel que $\widehat{A} = 90°$,
$BC = 36$ mm et $AC = 32$ mm.
Calcule $\widehat{C}$.

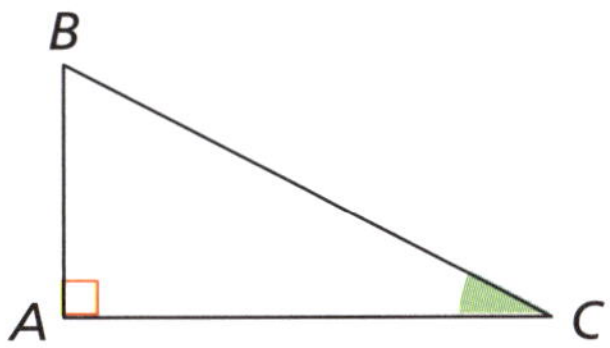

....

....

Exercice 2

Le triangle *ABC* est tel que $AB = 3{,}9$ cm ;
$CB = 6{,}5$ cm et $CA = 5{,}2$ cm.
(La figure est à l'échelle 1/2.)

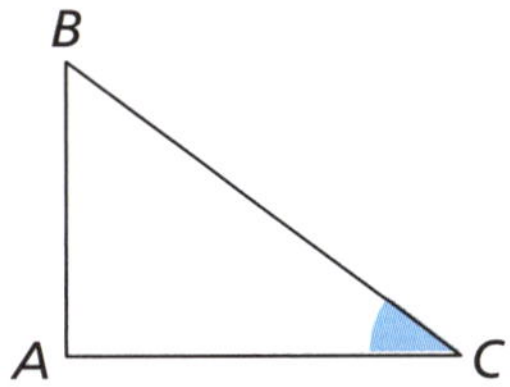

a. Prouve que le triangle *ABC* est rectangle.

....

....

b. Calcule $\widehat{C}$.

....

Exercice 3

[*CA*] est une corde du cercle de diamètre [*BC*].
On sait que $BC = 6$ dm et $CA = 4$ dm.
(La figure est à l'échelle 1/20.)

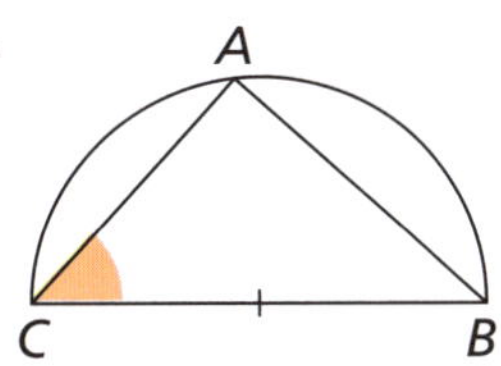

a. Prouve que le triangle *ABC* est rectangle.

....

....

b. Calcule $\widehat{C}$.

....

Exercice 4

Lorsque $\widehat{B}$ est un angle aigu d'un triangle rectangle, on a :

$\cos \widehat{B} = \dfrac{\text{côté adjacent pour } \widehat{B}}{\text{hypoténuse}}$; on en déduit :

côté adjacent pour $\widehat{B}$ = hypoténuse × cos $\widehat{B}$

a. *ABC* est un triangle tel que :
$\widehat{A} = 90°$, $\widehat{B} = 25°$ et $BC = 50$ mm.
Calcule *AB*.

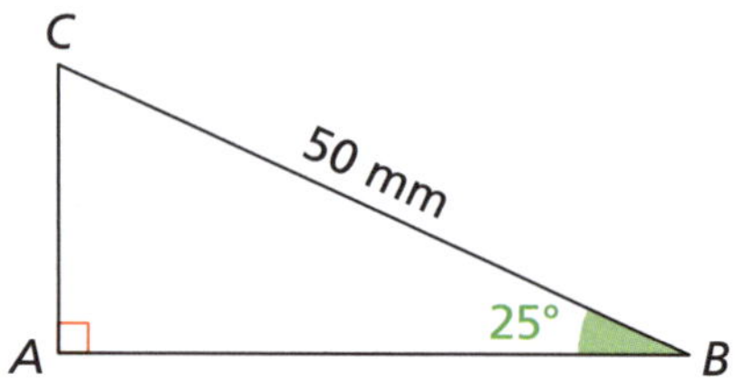

....

....

....

b. [*BA*] est une corde du cercle de diamètre [*BC*].
On sait que $BC = 4$ cm et $\widehat{B} = 40°$.
Prouve que le triangle *ABC* est rectangle, puis calcule *BA*.

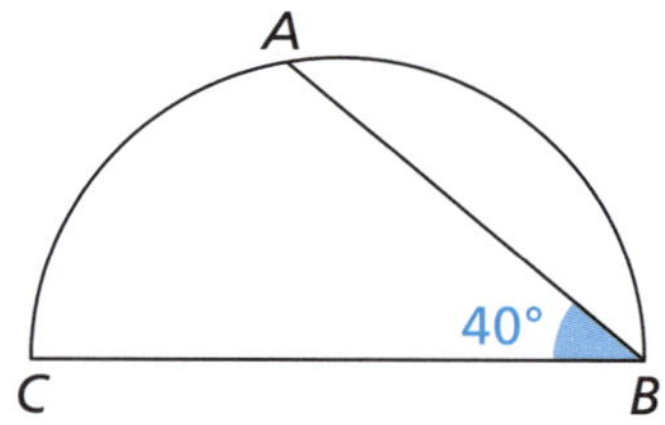

....

....

....

c. Le périmètre *p* du triangle *ABC* est tel que :
$p = 5(1 + \cos 35° + \cos 55°)$.
Justifie cette affirmation.
Calcule *p*.

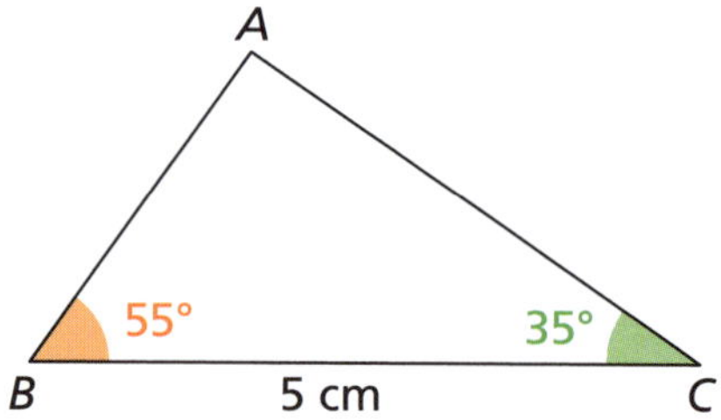

....

....

....

....

Brouillon

Exercice 5

Le schéma représente un élément de charpente d'une maison.

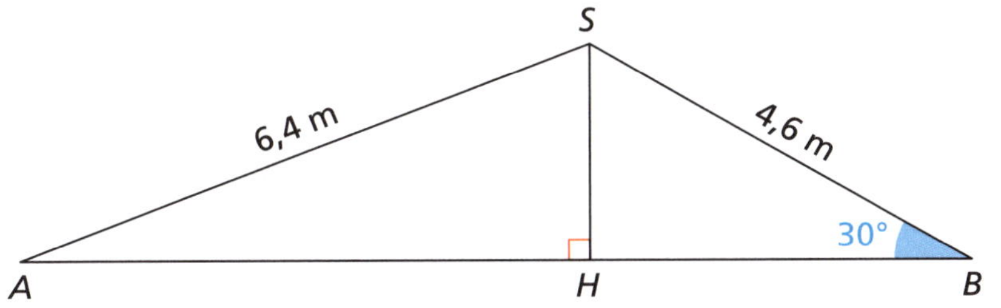

a. Calcule *BH* (arrondi au cm).

b. Calcule l'angle $\widehat{BSH}$.

c. Calcule *SH*.

d. Calcule l'angle $\widehat{ASH}$.

e. Calcule *AH*.

f. Calcule l'aire du triangle *ASB*.

Brouillon

Corrigés des exercices

Exercice 1

On a : $\cos \widehat{C} = \dfrac{\text{côté adjacent pour } \widehat{C}}{\text{hypoténuse}} = \dfrac{CA}{CB} = \dfrac{32}{36}$;

la séquence $\cos^{-1}$ (32 : 36) donne environ 27°, d'où $\widehat{C} \approx$ **27°**.

Exercice 2

a. $CB^2 = 6{,}5^2 = 42{,}25$; $CA^2 + BA^2 = 5{,}2^2 + 3{,}9^2 = 42{,}25$; $CB^2 = CA^2 + BA^2$.
ABC* est donc rectangle en *A (réciproque du théorème de Pythagore).

b. On a : $\cos \widehat{C} = \dfrac{\text{côté adjacent pour } \widehat{C}}{\text{hypoténuse}} = \dfrac{CA}{CB} = \dfrac{5{,}2}{6{,}5}$; d'où $\widehat{C} \approx$ **37°**.

Exercice 3

a. Le triangle *ABC* est inscrit dans un demi-cercle ayant pour diamètre le côté [*BC*] de ce triangle ; **le triangle *ABC* est donc rectangle en *A*.**

b. On a : $\cos \widehat{C} = \dfrac{\text{côté adjacent pour } \widehat{C}}{\text{hypoténuse}} = \dfrac{CA}{CB} = \dfrac{4}{6}$; d'où $\widehat{C} \approx$ **48°**.

Exercice 4

a. $AB = BC \times \cos 25° = 50 \times \cos 25°$; ***AB* ≈ 45 mm.**

b. **Le triangle *ABC* est rectangle en *A*** car il est inscrit dans un demi-cercle ayant pour diamètre le côté [*BC*] ; $BA = BC \times \cos 40° = 4 \times \cos 40°$; ***BA* ≈ 3,1 cm.**

c. *ABC* est rectangle en *A* car il a deux angles aigus complémentaires (55° + 35° = 90°).
Le périmètre p est tel que $p = BC + AC + AB$.
On a $AC = BC \times \cos 35° = 5 \times \cos 35°$ et $AB = BC \times \cos 55° = 5 \times \cos 55°$.
D'où : $p = 5 + 5 \times \cos 35° + 5 \times \cos 55°$.
On met 5 en facteur : $\boldsymbol{p = 5\,(1 + \cos 35° + \cos 55°)}$; $\boldsymbol{p \approx 12}$ **cm.**

Exercice 5

a. $BH = 4{,}6 \times \cos 30°$; ***BH* ≈ 3,98 m** (arrondi au cm).

b. $\widehat{BSH} = 90° - 30°$; $\boldsymbol{\widehat{BSH} = 60°}$.

c. $SH = SB \times \cos \widehat{BSH}$; $SH = 4{,}6 \times \cos 60°$; ***SH* = 2,3 m.**

d. $\cos \widehat{ASH} = \dfrac{SH}{SA} = \dfrac{2{,}3}{6{,}4}$; d'où : $\boldsymbol{\widehat{ASH} \approx 69°}$.

e. $AH^2 = AS^2 - SH^2$ (égalité de Pythagore) ; $AH^2 = 35{,}67$; $AH = \sqrt{35{,}67}$; ***AH* ≈ 5,97 m.**

f. ***BA* ≈ 9,95 m** car $BA = BH + HA$ et $3{,}98 + 5{,}97 = 9{,}95$.

$\mathcal{A} = \dfrac{\boldsymbol{BA \times SH}}{\boldsymbol{2}}$; $\mathcal{A} \approx$ **11,44** m² car $\dfrac{9{,}95 \times 2{,}3}{2} \approx 11{,}44$.

Parallélogramme et translation

Notes

Je retiens le cours

1 Parallélogramme

▸ Si un quadrilatère a ses côtés opposés parallèles, **alors c'est un parallélogramme** (c'est la définition).

▸ Si un quadrilatère a ses diagonales qui se coupent en leur milieu, **alors c'est un parallélogramme**.

▸ Si un quadrilatère convexe* a deux côtés parallèles et de même longueur, **alors c'est un parallélogramme**.

2 Un mouvement de translation

▸ Dans une frise, une partie de la figure se répète et on peut passer d'une partie à une autre par un glissement le long d'une droite. Ce glissement est un mouvement de translation.

▸ Sur l'écran d'un ordinateur, avec un logiciel de géométrie, on a appliqué à la *figure 1* un mouvement de translation qui a amené le point *A* sur le point *A'* et la *figure 1* sur la *figure 2*.

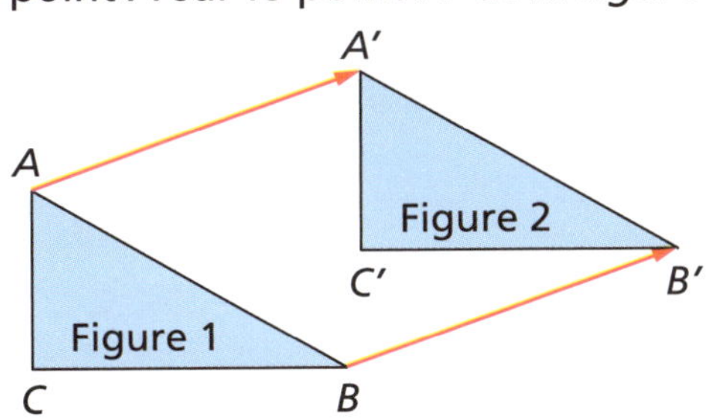

La connaissance de deux points suffit pour définir une translation.

Lorsqu'on va de *A* vers *A'*, le couple de points (*A*; *A'*) représente le **vecteur de la translation**.

A est l'origine; *A'* est l'extrémité.

Le sens dans lequel s'effectue le déplacement est important.

AA'B'B est un parallélogramme; on a: (*BB'*) // (*AA'*); *BB'* = *AA'* et on va de *B* vers *B'* dans le même sens que de *A* vers *A'*.
De même *AA'C'C* est un parallélogramme; on a: (*AA'*) // (*CC'*); *AA'* = *CC'* et on va de *C* vers *C'* dans le même sens que de *A* vers *A'*.

Notes

3 Image d'une figure dans une translation

▸ Dans une translation une figure a pour image une figure superposable :
- un segment a pour image un segment de même longueur ;
- un angle a pour image un angle de même mesure ;
- un cercle a pour image un cercle de même rayon.

▸ Dans une translation une droite a pour image une droite parallèle.

Je comprends comment faire

▸ Construire l'image d'un point dans une translation

Réalise avec les instruments la construction de l'image P' du point P dans la translation qui amène le point A sur le point A' en suivant le protocole dans chacun des cas suivants.

1° <u>Le point P n'appartient pas à la droite (AA') :</u>

- on trace la droite d, parallèle à la droite (AA') et passant par P ;
- on place le point P' tel que $P' \in d$; $PP' = AA'$, de façon que l'on se déplace de P vers P' dans la même sens que celui de A vers A'.

2° <u>Le point P appartient à la droite (AA') :</u>

- on place le point P' tel que $P' \in (AA')$; $PP' = AA'$, de façon que l'on se déplace de P vers P' dans la même sens que celui de A vers A'.

1° Situation initiale

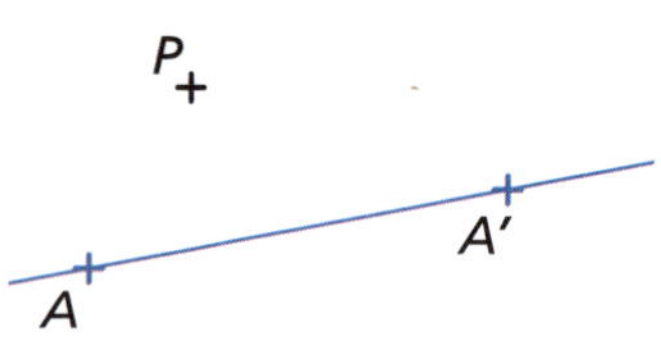

Situation finale

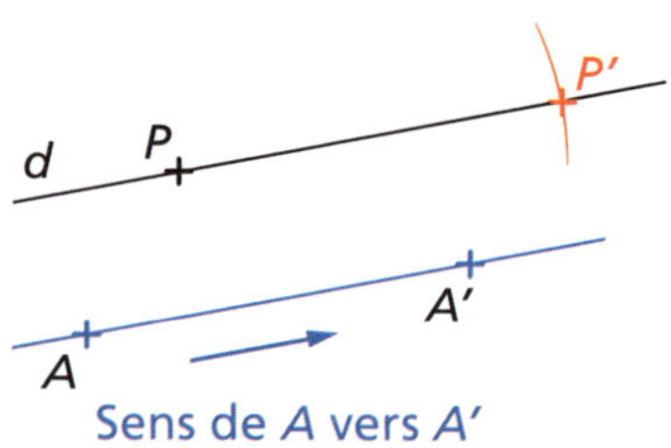

2° Situation initiale

Situation finale

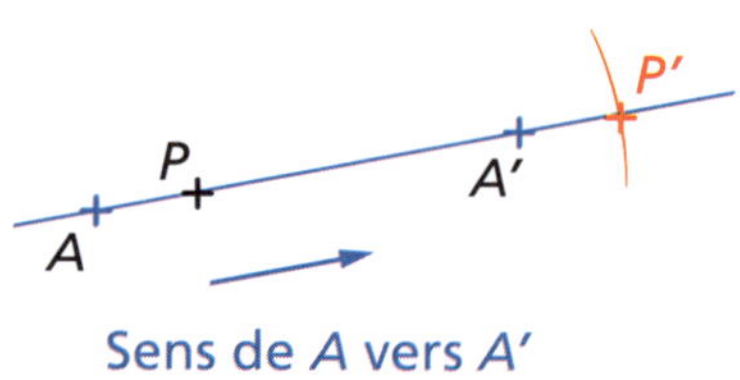

Corrigés p. 156

Brouillon

Je m'entraîne

Exercice 1

ABCD est un parallélogramme de centre *O*. La perpendiculaire à la diagonale (*BD*) passant par *A* coupe en *E* la droite (*CD*).

La perpendiculaire à la diagonale (*BD*) passant par *C* coupe en *F* la droite (*AB*).

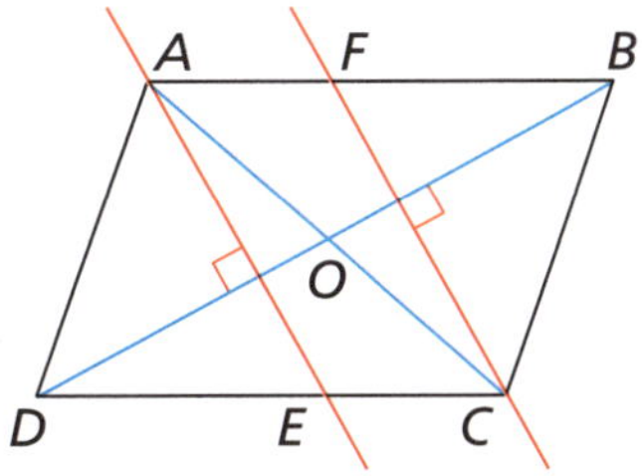

a. **Prouve que *AFCE* est un parallélogramme.**

....

....

b. *O* est le milieu de [*EF*]. **Justifie cette affirmation.**

....

....

Exercice 2

I, *J* et *K* sont les milieux respectifs des côtés [*AB*], [*BC*] et [*CA*] du triangle *ABC*.

On a pour objectif d'étudier l'effet sur le triangle *BJI* de la translation qui amène *B* sur *J*.

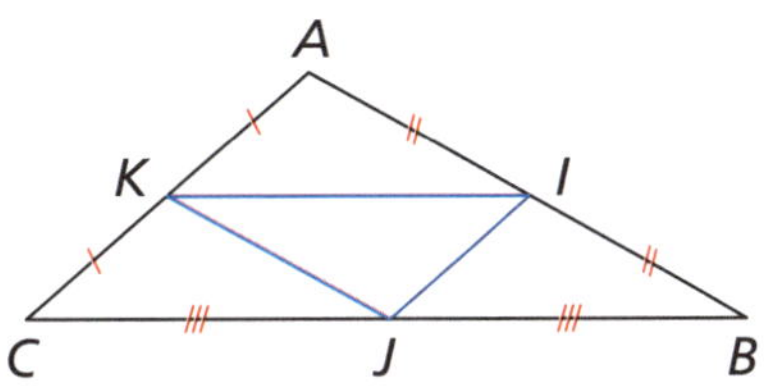

a. **Prouve que *BJKI* est un parallélogramme.**

....

....

b. **Quelle est l'image du triangle *BJI* dans la translation qui amène le point *B* sur le point *J* ?**

....

....

Exercice 3

On appelle *E*, *F*, *G* et *H*, les images respectives des points *A*, *B*, *C* et *D* dans la translation qui amène *A* sur *E*.

a. **En utilisant le quadrillage, place les points *F*, *G* et *H*.**

b. **Nomme des droites parallèles et des segments de même longueur.**

....

Exercice 4

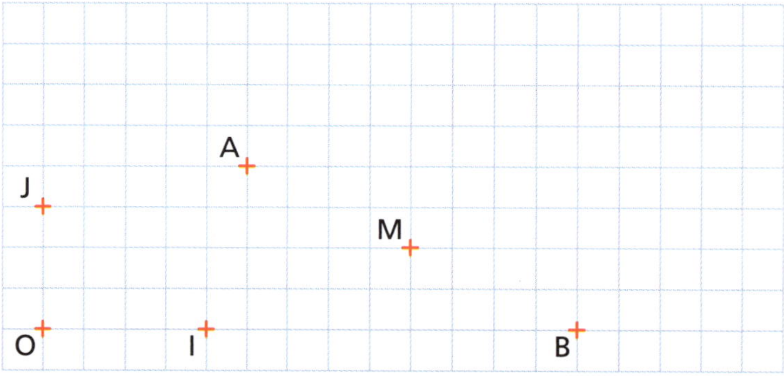

a. La translation qui amène *O* sur *I* amène les points *A*, *M* et *B* respectivement sur *A'*, *M'* et *B'*. **Place les points *A'*, *M'* et *B'*.**

La translation qui amène *O* sur *J* amène les points *A'*, *M'* et *B'* respectivement sur *A''*, *M''* et *B''*. **Place les points *A''*, *M''* et *B''*.**

b. Le point *M* est le milieu du segment [*AB*].

Que peut-on en déduire pour les points *A'*, *M'* et *B'* et pour les points *A''*, *M''* et *B''*?

....

....

Brouillon

Brouillon

Exercice 5

ABC est un triangle rectangle en *A*.

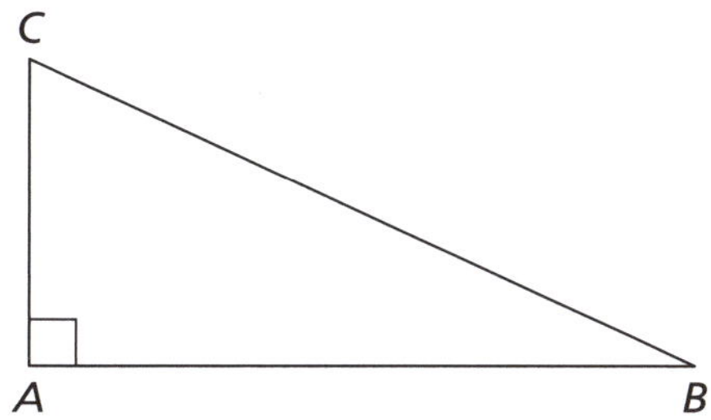

a. On appelle *M* l'image du point *C* dans la translation qui amène le point *A* sur le point *B*. **Complète la figure. Quelle est la particularité du quadrilatère *ABMC* ?**

....

b. **Coche la bonne réponse :**

☐ *M* est l'image de *B* dans la translation qui amène *C* sur *A*.

☐ *M* est l'image de *B* dans la translation qui amène *A* sur *C*.

Exercice 6

Le parallélogramme *ABCD* est constitué de quatre parallélogrammes juxtaposés *OIAL*, *OJBI*, *OKCJ* et *OLDK*.

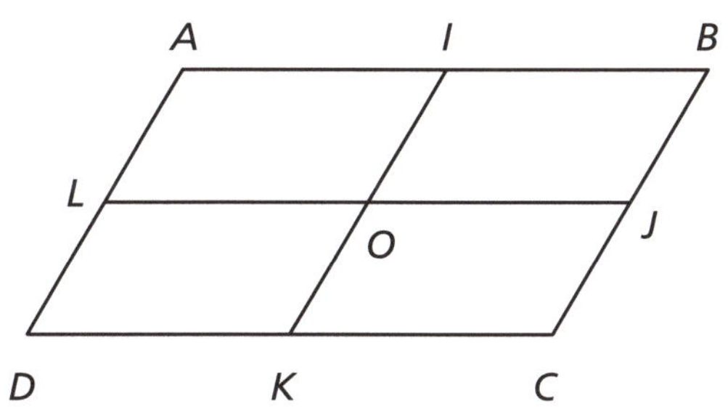

a. On étudie l'effet sur le parallélogramme *AIOL* de la translation qui amène *A* sur *I*.

Complète en indiquant l'image des trois autres points.

A $\longmapsto$ I   I $\longmapsto$ …   O $\longmapsto$ …   L $\longmapsto$ …

b. On étudie l'effet sur le parallélogramme *AIOL* de la translation qui amène *A* sur *L*.

Complète en indiquant l'image des trois autres points.

A $\longmapsto$ L   I $\longmapsto$ …   O $\longmapsto$ …   L $\longmapsto$ …

Corrigés des exercices

Exercice 1

a. On a $(AF) // (CE)$ car (AB) et (CD) sont deux côtés du parallélogramme $ABCD$.
On a $(AE) // (CF)$ car ces deux droites sont perpendiculaires à la même droite (BD).
$AFCE$ a ses côtés opposés parallèles : ***AFCE* est donc un parallélogramme**.

b. O est le milieu de la diagonale $[AC]$ du parallélogramme $ABCD$; $[AC]$ est une des diagonales du parallélogramme $AFCE$;
Le point *O* est donc aussi le milieu de la diagonale [*EF*].

Exercice 2

a. On a : $\frac{AI}{AB} = \frac{AK}{AC} = \frac{1}{2}$; par suite $\mathbf{(IK) // (BC)}$ (réciproque du théorème de Thalès).
De même $\frac{CJ}{CB} = \frac{CK}{CA} = \frac{1}{2}$ donne $\mathbf{(JK) // (BA)}$.

$(IK) // (BC)$ donne $(IK) // (BJ)$
et $(JK) // (BA)$ donne $(JK) // (BI)$;
***BJKI* est un parallélogramme** car ses côtés opposés sont parallèles.

b. On a : $B \longmapsto J$; $J \longmapsto C$; $I \longmapsto K$;
***BJI* a pour image *JCK*.**

Exercice 3

a.

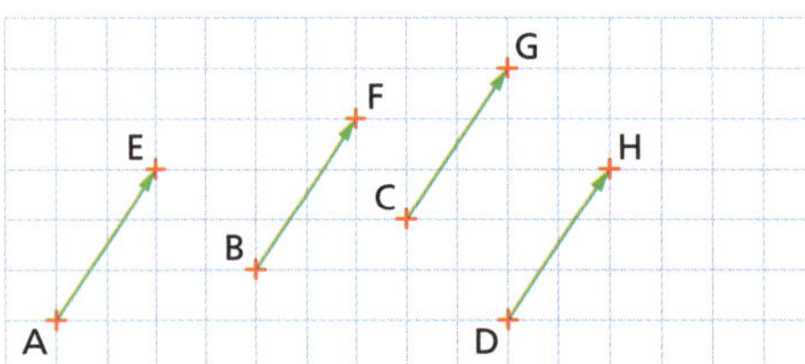

b. $\mathbf{(AE) // (BF) // (CG) // (DH)}$;
$\mathbf{AE = BF = CG = DH}$.

Exercice 4

a.

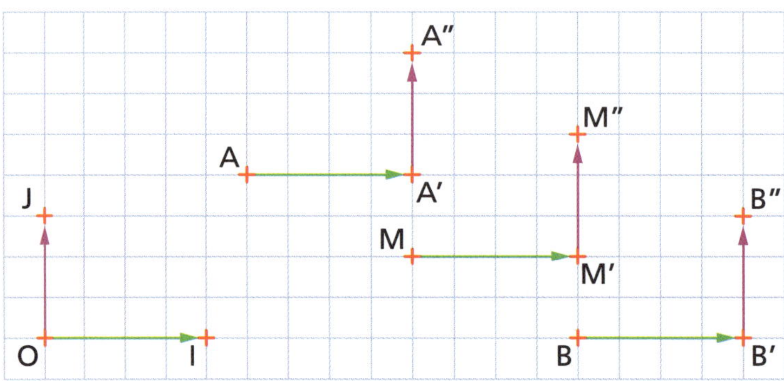

b. La translation conserve l'alignement et les distances ; elle conserve donc le milieu ; par suite :
***M′* est le milieu de [*A′B′*] et *M″* est le milieu de [*A″B″*].**

Exercice 5

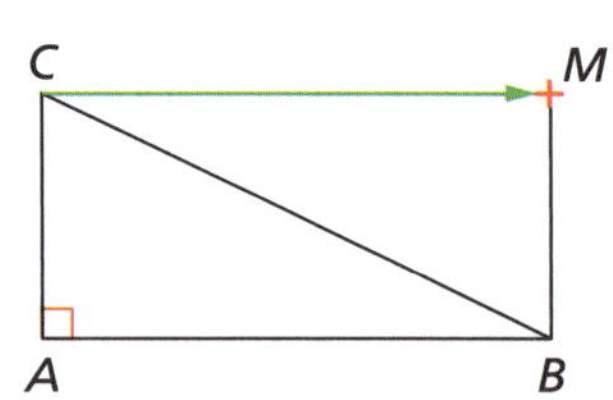

a. La translation qui amène A sur B et C sur M est telle que $ABMC$ est un parallélogramme. Ce parallélogramme a un angle droit, donc ***ABMC* est un rectangle.**

b. ***M* est l'image de *B* dans la translation qui amène *A* sur *C*.**

Exercice 6

a. $A \mapsto I$; $I \mapsto \mathbf{B}$; $O \mapsto \mathbf{J}$; $L \mapsto \mathbf{O}$.
b. $A \mapsto L$; $I \mapsto \mathbf{O}$; $O \mapsto \mathbf{K}$; $L \mapsto \mathbf{D}$.

Pyramide et cône

Je retiens le cours

1 Pyramide régulière

▶ Un **polygone régulier** a ses côtés de même longueur et ses angles égaux. Le triangle équilatéral et le carré sont des polygones réguliers.

▶ Une **pyramide** est un solide limité par une base polygonale et des faces latérales triangulaires ayant un sommet commun.

▶ Une **pyramide régulière** a pour base un polygone régulier *(un carré sur la figure 1)* et la perpendiculaire à la base en son centre est l'axe du polygone régulier et le support de la hauteur *(figure 1 : axe (SH) ; hauteur [SH])*.

Figure 1

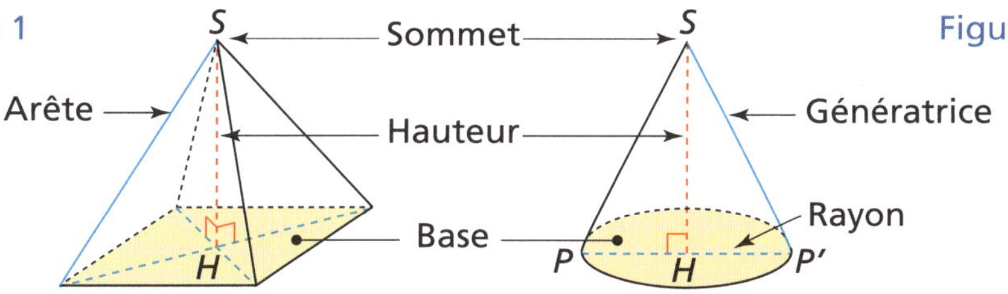

Figure 2

▶ **Le volume de la pyramide et celui du cône sont étudiés dans la leçon 27.**

2 Cône de révolution

▶ Un **cône de révolution** est un solide limité par un disque de base et une surface conique *(figure 2)*.

L'axe d'un cône de révolution est perpendiculaire au plan du disque de base en son centre ; c'est le support de la hauteur *(figure 2 : axe (SH) ; hauteur [SH])*.

▶ Un **cône de révolution** peut être engendré par la révolution (tour complet) d'un triangle rectangle *[SHP sur la figure 2]* autour d'un axe *[(SH) sur la figure 2]* ; pour cette raison, un segment tel que [*SP'*] qui engendre la surface conique est appelé **génératrice** du cône.

Notes

Je comprends comment faire

Construire le patron d'une pyramide à base carrée

La pyramide à base carrée représentée en perspective cavalière à la page précédente a pour base un carré de 2,8 cm de côté. Les quatre faces sont des triangles isocèles* dont deux côtés ont pour mesure 3,6 cm.

Représente à l'échelle ½ le patron de cette pyramide en détaillant les étapes de la construction.

Le carré *ABCD* a pour côté 1,4 cm.

Le sommet *S'* du triangle isocèle *BS'C* est à l'intersection de deux arcs de cercles de 1,8 cm de rayon ayant pour centres les points *B* et *C*.

Les trois autres triangles sont construits de façon semblable.

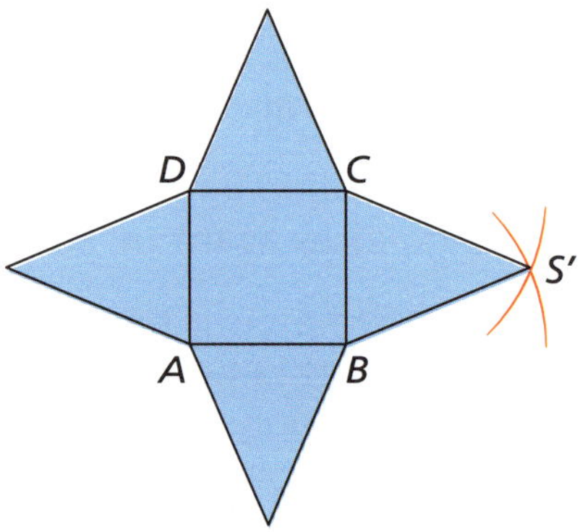

Calculer la génératrice d'un cône de révolution

La figure représente la section par un plan contenant l'axe de révolution du cône de révolution représenté à la page précédente.

On sait que $PH = 22$ mm et $SH = 28$ mm.

1° **Calcule *SP*** (génératrice du cône).

2° **Quelle formule relie *r*, *h* et *g* ?**

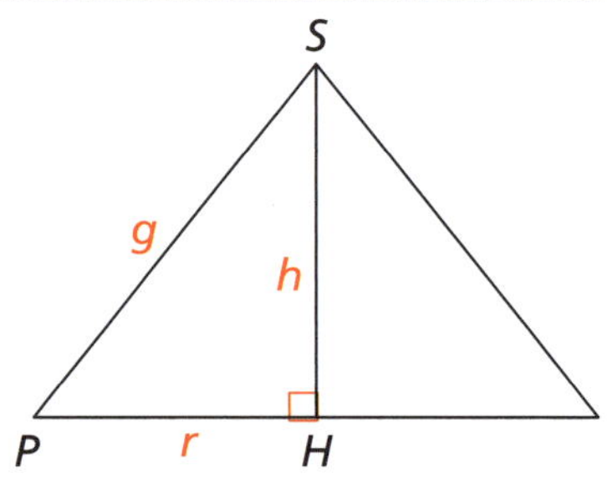

Le théorème de Pythagore s'applique à des sections planes d'une figure de l'espace.

1° Le triangle *SHP* est rectangle en *H*.

On a : $SP^2 = SH^2 + HP^2$ (égalité de Pythagore) ; $SP^2 = 28^2 + 22^2$;

$SP^2 = 1\,268$; $SP = \sqrt{1\,268}$; $\mathbf{SP \approx 36}$ **mm.**

2° Avec $PH = r$; $SH = h$ et $SP = g$, l'égalité de Pythagore s'écrit :

$g^2 = h^2 + r^2$ (cette formule permet de calculer un des trois nombres quand les deux autres sont connus).

Corrigés p. 162

Je m'entraîne

Brouillon

Exercice 1

On a coupé une pyramide à base carrée par un plan $\mathscr{P}$ parallèle à la base. Le plan $\mathscr{P}$ coupe la face SAB suivant le segment $[MN]$ parallèle à $[AB]$.

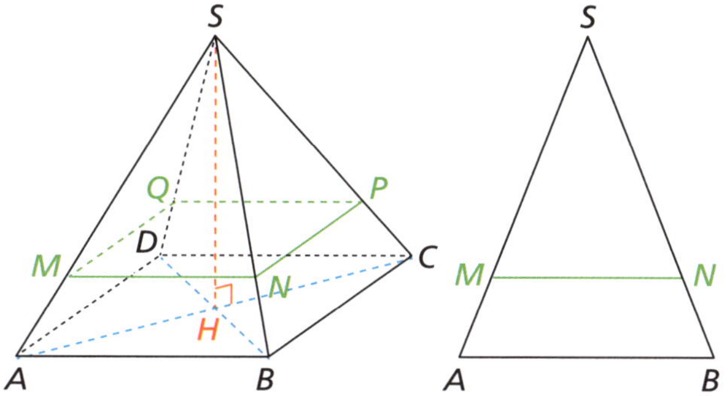

On a : $AB = 28$ mm et $SA = 36$ mm ; $M \in [SA]$ et $SM = 27$ mm.

a. Calcule *MN*.

....

....

....

b. La section de la pyramide par le plan $\mathscr{P}$ est un carré *MNPQ*.

Calcule le périmètre et l'aire de ce carré.

....

....

....

c. Coche la bonne réponse :

$\dfrac{\text{Périmètre } MNPQ}{\text{Périmètre } ABCD} = \dfrac{3}{4}$ ☐ $\dfrac{\text{Périmètre } MNPQ}{\text{Périmètre } ABCD} = \left(\dfrac{3}{4}\right)^2$ ☐

$\dfrac{\text{Aire } MNPQ}{\text{Aire } ABCD} = \dfrac{3}{4}$ ☐ $\dfrac{\text{Aire } MNPQ}{\text{Aire } ABCD} = \left(\dfrac{3}{4}\right)^2$ ☐

Exercice 2

On a coupé un cône de révolution par un plan $\mathcal{P}$ parallèle à la base. Le plan $\mathcal{P}$ coupe le plan *PSP'* (contenant la hauteur [*SH*] du cône et un diamètre [*PP'*] du disque de base) suivant un segment [*RR'*] parallèle au diamètre [*PP'*].

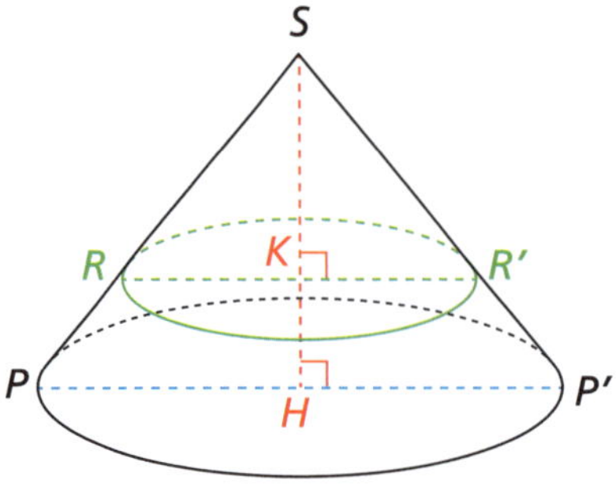

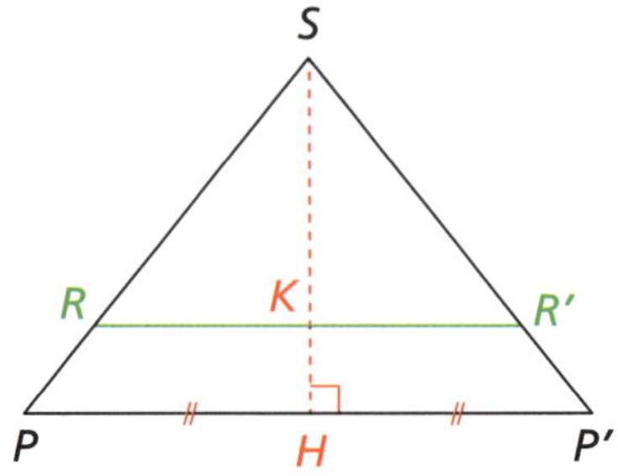

On a : $SH = 28$ mm ; $PP' = 44$ mm ; $K \in [SH]$ et $SK = 21$ mm.

a. Calcule *RK*.

....

....

b. La section du cône par le plan $\mathcal{P}$ est un disque de rayon [*RK*].

Calcule l'aire de ce disque.

....

Exercice 3

On a coupé un cône de révolution par un plan « vertical » contenant l'axe (*SH*) du cône. La section est un triangle isocèle *SAB* tel que :
$SA = 40$ mm et $HA = 24$ mm.

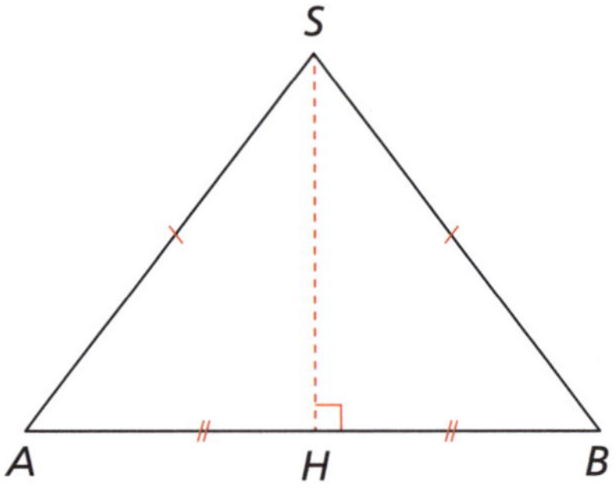

a. Calcule *SH*.

....

b. Calcule l'angle $\widehat{ASH}$, puis l'angle $\widehat{ASB}$.

....

....

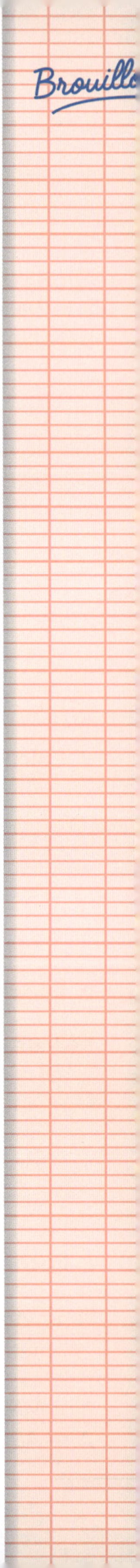

"Brouillon"

Exercice 4

Soit un cube de 2 cm d'arête. En joignant le sommet *A* à chacun des sommets du carré *EFGH*, on obtient une pyramide (non régulière) dont l'arête [*AE*] est la hauteur.

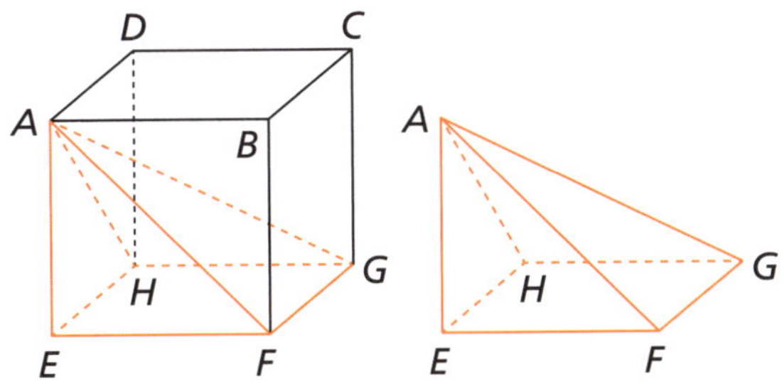

a. Calcule *AF* et *AH* (résultats arrondis à 1 mm près).

....

b. En utilisant les triangles rectangles *EFG* et *AEG*, calcule *EG*, puis *AG* (résultats arrondis à 1 mm près).

....

....

c. Complète le patron de cette pyramide.

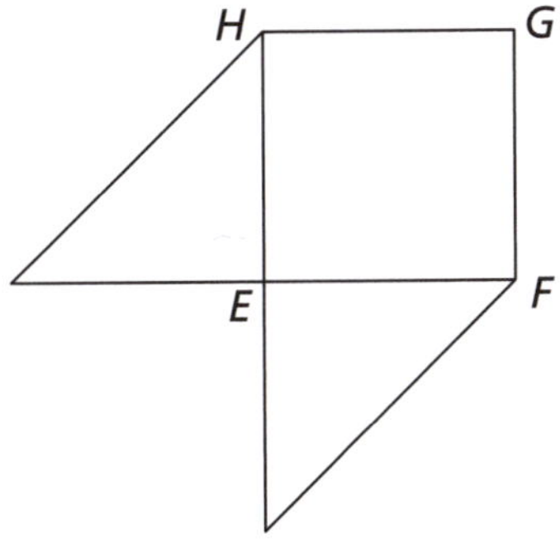

Corrigés des exercices

Exercice 1

a. Le théorème de Thalès s'applique à des sections planes d'une figure de l'espace.

On sait que $(MN) // (AB)$; d'où: $\frac{SM}{SA} = \frac{SN}{SB} = \frac{MN}{AB}$; $\frac{27}{36} = \frac{MN}{28}$;

$\boldsymbol{MN = 21}$ **mm** car $(27 \times 28) : 36 = 21$.

b. **Le périmètre du carré est égal à 84 mm** car $21 \times 4 = 84$.

L'aire du carré est égale à 441 mm² car $21^2 = 21 \times 21 = 441$.

c. $\frac{\text{Périmètre } MNPQ}{\text{Périmètre } ABCD} = \frac{21 \times 4}{28 \times 4} = \frac{21}{28} = \frac{7 \times 3}{7 \times 4} = \boldsymbol{\frac{3}{4}}$.

$\frac{\text{Aire } MNPQ}{\text{Aire } ABCD} = \frac{21 \times 21}{28 \times 28} = \frac{21}{28} \times \frac{21}{28} = \frac{3}{4} \times \frac{3}{4} = \boldsymbol{\left(\frac{3}{4}\right)^2}$.

Exercice 2

a. (SH) est axe de symétrie du triangle isocèle PSP'; d'où: $PH = 22$mm car $44 : 2 = 22$.
Dans le triangle SPH, on a: $(RK) // (PH)$; d'après le théorème de Thalès on a:

$$\frac{SK}{SH} = \frac{SR}{SP} = \frac{RK}{PH}; \frac{21}{28} = \frac{RK}{22}; \textbf{RK = 16,5 mm} \text{ car } \frac{21 \times 22}{28} = 16,5.$$

b. **L'aire du disque est égale à environ 855 mm²** car $\pi \times 16,5^2 = 272,25\,\pi \approx 855$.

Exercice 3

a. Le triangle SAH est rectangle en H; $SA^2 = SH^2 + AH^2$ (égalité de Pythagore).
$SH^2 = 40^2 - 24^2$; $SH^2 = 1\,024$; $SH = \sqrt{1\,024}$; $\boldsymbol{SH = 32}$ **mm**.

b. Le triangle SAH est rectangle en H; $\cos \widehat{ASH} = \frac{SH}{SA} = \frac{32}{40} = 0,8$; d'où $\boldsymbol{\widehat{ASH} \approx 37°}$.

(SH) est axe de symétrie* du triangle isocèle ASB; $\widehat{ASB} = 2 \times \widehat{ASH}$; $\boldsymbol{\widehat{ASB} \approx 74°}$.

Exercice 4

a. Dans AEF, rectangle en E, on a:
$AF^2 = AE^2 + EF^2 = 2^2 + 2^2 = 8$; $\boldsymbol{AF = \sqrt{8}}$.
Dans AEH, rectangle en E, on a:
$AH^2 = AE^2 + EH^2 = 2^2 + 2^2 = 8$; $\boldsymbol{AH = \sqrt{8}}$.

b. Dans EFG, rectangle en F, on a:
$EG^2 = EF^2 + FG^2 = 2^2 + 2^2 = 8$; $\boldsymbol{EG = \sqrt{8}}$.
Dans AEG, rectangle en E, on a :
$AG^2 = AE^2 + EG^2 = 4 + 8 = 12$;
$\boldsymbol{AG = \sqrt{12}}$.

c. Patron de la pyramide.
$AF = AH = \sqrt{8}$ cm soit environ 2,8 cm.
$AG = \sqrt{12}$ cm soit environ 3,5 cm.

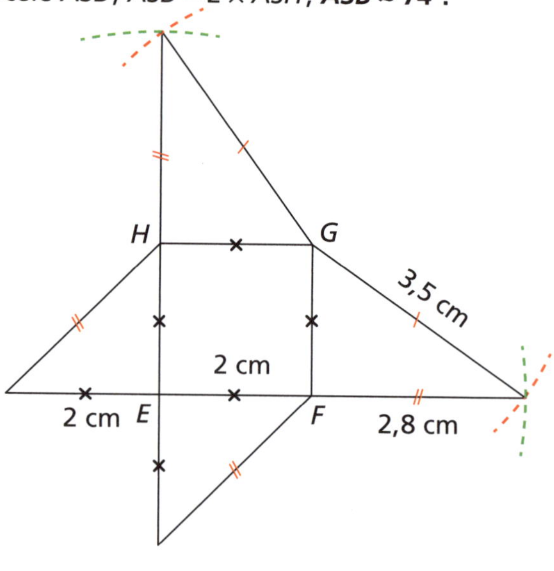

Partie 4

Grandeurs et mesures

Teste tes connaissances

Coche, pour chaque exercice, la (ou les) bonne(s) réponse(s).
Reporte-toi ensuite aux corrigés en bas de page.

Leçon 25 page 165

1 Dans une journée, il y a :

a. 1 440 min. ☐
b. 2 400 min. ☐
c. 86 400 s. ☐

2 Dans 1 litre, il y a :

a. 1 000 mm^3. ☐
b. 10 dm^3. ☐
c. 1 000 cm^3. ☐

Leçon 26 page 171

3 Un triangle a une base de 5 cm ; la hauteur associée est égale à 60 mm. Son aire est :

a. 15 cm^2. ☐
b. 24 cm^2. ☐
c. 150 cm^2. ☐

4 Un disque a un diamètre de 12 cm. Son aire (en cm^2) est égale à :

a. $144\ \pi$ ☐
b. $12\ \pi$ ☐
c. $36\ \pi$ ☐

Leçon 27 page 177

5 Une pyramide a une base carrée de 5 cm de côté et une hauteur de 3 cm. Son volume est :

a. 10 cm^3. ☐
b. 25 cm^3. ☐
c. 75 cm^3. ☐

6 Un cône de révolution a un rayon de base de 6 cm et une hauteur de 6 cm. Son volume (en cm^3) est

a. $12\ \pi$ ☐
b. $72\ \pi$ ☐
c. $24\ \pi$ ☐

Leçon 28 page 183

7 Une automobiliste a roulé pendant 2 h 30 min à la vitesse moyenne de 120 km/h. Elle a parcouru :

a. 276 km. ☐
b. 300 km. ☐
c. 360 km. ☐

8 Un marcheur met 2 h 30 min pour parcourir 12 km. Sa vitesse moyenne est :

a. 5,2 km/h. ☐
b. 4,8 km/h. ☐
c. 30 km/h. ☐

Corrigés

1. a et c – **2.** c – **3.** a – **4.** c – **5.** b – **6.** b – **7.** b – **8.** b

Changements d'unités de mesure

Je retiens le cours

1 Unités de longueur, d'aire et de volume

▸ L'unité principale de **mesure de** longueur est le mètre (noté m).
Les multiples et sous-multiples vont de 10 en 10 :
10 cm = 1 dm ; 10 dm = 1 m ; 10 m = 1 dam ; 10 dam = 1 hm…

▸ L'unité principale de **mesure d'**aire est le mètre carré (noté m^2).
Les multiples et sous-multiples vont de 100 en 100 :
100 cm^2 = 1 dm^2 ; 100 dm^2 = 1 m^2 ; 100 m^2 = 1 dam^2…

▸ L'unité principale de **mesure de** volume est le mètre cube (noté m^3).
Les multiples et sous-multiples vont de 1 000 en 1 000 :
1 000 cm^3 = 1 dm^3 ; 1 000 dm^3 = 1 m^3 ; 1 000 m^3 = 1 dam^3…

2 Unités de contenance

▸ L'unité principale de **mesure de** contenance (on dit aussi capacité) est le litre (noté L).
Les unités de contenance vont de 10 en 10 :
1 L = 10 dL ; 1 dL = 10 cL ; 1 cL = 10 mL.

▸ **1 L = 1 dm^3** = 1 000 cm^3 et 1 L = 1 000 mL.
Par suite, **1 mL = 1 cm^3**.

3 Unités de durée

▸ L'unité principale de **mesure de** durée est la seconde (notée s).
1 min = 60 s ; 1 h = 60 min = 3 600 s ; 1 jour = 24 h.

▸ Pour les durées inférieures à la seconde, on utilise le dixième de seconde (0,1 s), le centième de seconde (0,01 s)…

Notes

Je comprends comment faire

Notes

Convertir des mesures de durée et de longueur

1° Le vainqueur d'une étape d'une course cycliste a mis 4 h 25 min 12 s pour parcourir les 180,2 km de cette étape. Exprime la durée en secondes et la distance en mètres.

Est-il vrai que le vainqueur a parcouru en moyenne plus de 10 mètres par seconde ?

2° Une cabine de téléphérique parcourt 1 305 m en 240 s. Exprime la distance en décamètres et la durée en minutes.

Est-il vrai que cette cabine parcourt en moyenne moins de 40 décamètres par minute ?

1° On sait que : 1 h = 3 600 s ; 1 min = 60 s et 1 km = 1 000 m.

4 h 25 min 12 s = 15 912 s car $4 \times 3600 + 25 \times 60 + 12 = 15912$; 180,2 km = 180 200 m.

Il a parcouru plus de 10 mètres par seconde car 180 200 : 15 912 ≈ 11,325.

2° 1 305 m = 130,5 dam et 240 s = 4 min car 240 : 60 = 4.

Elle parcourt moins de 40 décamètres par minute car 130,5 : 4 = 32,625.

Convertir des mesures de contenance

Un aquarium a la forme d'un cube de 25 cm d'arête intérieure.

1° Exprime en litres, puis en centilitres, sa contenance maximale.

2° Calcule la hauteur de l'eau lorsqu'on verse 12 L d'eau dans cet aquarium.

1° Le volume V d'un cube d'arête a est tel que $V = a^3$.

Le volume intérieur de cet aquarium est égal à 15 625 cm^3 car $25^3 = 15625$.

15 625 cm^3 = 15,625 dm^3 = 15,625 L car 1 dm^3 = 1L.

15,625 L = 1 562,5 cL car 1 L = 100 cL.

La contenance maximale est de 15,625 L, soit 1 562,5 cL.

2° L'eau occupe un pavé droit de base 625 cm^2 (car $25^2 = 625$) et de hauteur h.

Le volume V d'un pavé droit de base B et de hauteur h est tel que $V = B \times h$.

12 L = 12 dm^3 = 12 000 cm^3.

$12000 = 625 \times h$; $h = 12000 : 625$; $h = 19,2$.

La hauteur de l'eau dans cet aquarium est de 19,2 cm.

Je m'entraîne

Corrigés p. 170

Brouillon

Exercice 1

a. Exprime avec l'unité hm^2 chacun des aires suivantes.

240 000 dam^2 = ...

3,25 km^2 = ...

b. Un terrain rectangulaire a une longueur de 540 m et une largeur de 380 m.

Calcule son aire en mètres carrés, puis en hectomètres carrés.

....

....

Exprime cette aire en ares (l'are est une unité agraire : 1 are = 1 dam^2).

....

Exercice 2

a. Exprime avec l'unité cm^3 chacun des volumes suivants.

3,5 dm^3 = ...

45 250 mm^3 = ...

b. Un cube* a une arête de 3 dm.

Exprime son volume en décimètres cubes, puis en centimètres cubes.

....

....

Exprime ce volume en litres, puis en centilitres.

....

....

Brouill

Exercice 3

a. Exprime avec l'unité hL chacune des contenances suivantes.

280 500 L = ...

3 580 daL = ...

b. Une cuve cylindrique a un rayon de 2 m et une hauteur de 12 m. Le volume V d'un cylindre de rayon R et de hauteur h est tel que $V = \pi R^2 h$.

Exprime ce volume en mètres cubes, puis en décimètres cubes.

....

....

Exprime sa contenance en litres, puis en hectolitres.

....

....

Exercice 4

a. Si on calcule le **quotient entier** de 250 par 60, on trouve 4 et il reste 10 ; on écrit : $250 = 60 \times 4 + 10$.
On en déduit que : 250 min = 4 h 10 min.

Exprime de même en heures et minutes les durées suivantes.

530 min = ... h .... min

car ....

915 min = ... h .... min

car ....

b. Un satellite effectue dix fois le tour de la Terre en 1 048 min.

Exprime cette durée en heures et minutes.

....

....

....

Exercice 5

Lors d'une marche, un randonneur a noté toutes les 30 minutes la distance qu'il a parcourue.

Le graphique ci-contre indique la distance parcourue en fonction de la durée. On sait que si on parcourt une distance d pendant une durée t, la vitesse moyenne V est telle que $V = \frac{d}{t}$.

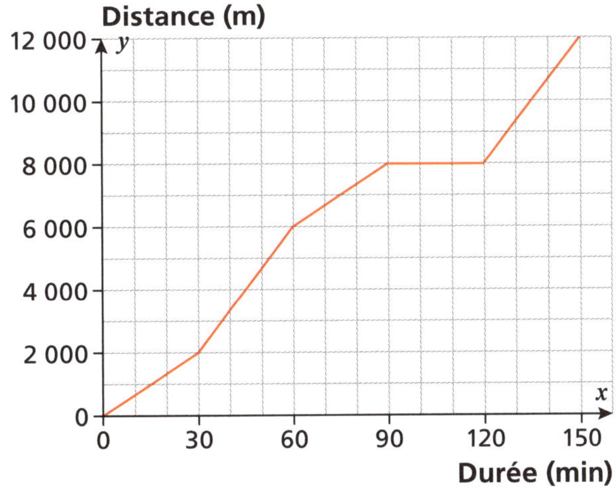

a. Quelle a été la vitesse moyenne du randonneur avant sa pause ?

....

b. Quelle a été sa vitesse moyenne après sa pause ?

....

c. Quelle a été sa vitesse moyenne sur l'ensemble de la randonnée ?

....

Exercice 6

Un mégawatt (MW), c'est « 10^6 watts » (un million de watts).
Un gigawatt (GW), c'est « 10^9 watts » (un milliard de watts).
Un térawatt (TW), c'est « 10^{12} watts » (un million de millions de watts).

a. Exprime en MW chacune des puissances suivantes.

2,510 GW = ...   0,000 325 TW = ...

b. Exprime en GW chacune des puissances suivantes.

1 250 000 MW = ...   2,5 TW = ...

Brouillon

Corrigés des exercices

Exercice 1

a. 240000 dam^2 = **2400 hm^2**; 3,25 km^2 = **325 hm^2**.
b. Son aire est égale à **205200 m^2**, soit **20,52 hm^2**.
20,52 hm^2 = 2052 dam^2 ou **2052 ares**.

Exercice 2

a. 3,5 dm^3 = **3500 cm^3**; 45250 mm^3 = **45,25 cm^3**.
b. Son volume est égal à **27 dm^3** car $V = 3^3 = 27$, soit **27000 cm^3**.
27 dm^3 = **27 L**, soit **2700 cL**.

Exercice 3

a. 280500 L = **2805 hL**; 3580 daL = **358 hL.**
b. $\pi \times 2^2 \times 12 = 48\pi$, soit environ **150,796 m^3** ou **150796 dm^3**.
La cuve a une contenance d'**environ 150796 L**, soit **environ 1507,96 hL**.

Exercice 4

a. $530 = 60 \times 8 + 50$; 530 min = **8 h 50 min**.
$915 = 60 \times 15 + 15$; 915 min = **15 h 15 min**.
b. $1048 = 60 \times 17 + 28$; 1048 min = 17 h 28 min.
Il met 17 h 28 min pour faire 10 tours.

Exercice 5

a. Avant sa pause, il a parcouru 8000 m en 90 min.
Vitesse moyenne: environ 89 m/min car $8000 : 90 \approx 88{,}9$.
b. Après sa pause, il a parcouru 4000 m en 30 min.
Vitesse moyenne: environ 133 m/min car $4\,000 : 30 \approx 133{,}3$.
c. Sur l'ensemble de la randonnée, il a parcouru 12000 m en 150 min car $8000 + 4000 = 12000$ et 90 min + 30 min + 30 min = 150 min.
Vitesse moyenne: 80 m/min car $12000 : 150 = 80$.

Exercice 6

a. 1 GW = 10^9 W = $10^3 \times 10^6$ W = 10^3 MW.
2,510 GW = 2,510 × 10^3 MW = **2510 MW**.
1 TW = 10^{12} W = $10^6 \times 10^6$ W = 10^6 MW.
0,000325 TW = 0,000325 × 10^6 MW = **325 MW**.
b. 1 MW = 10^6 W = $10^{-3} \times 10^9$ W = 10^{-3} GW.
1250000 MW = 1250000 × 10^{-3} GW = **1250 GW**.
1 TW = 10^{12} W = $10^3 \times 10^9$ W = 10^3 GW.
2,5 TW = 2,5 × 10^3 GW = **2500 GW**.

Aires : agrandissement – réduction

Je retiens le cours

1 Formulaire

Triangle et parallélogramme

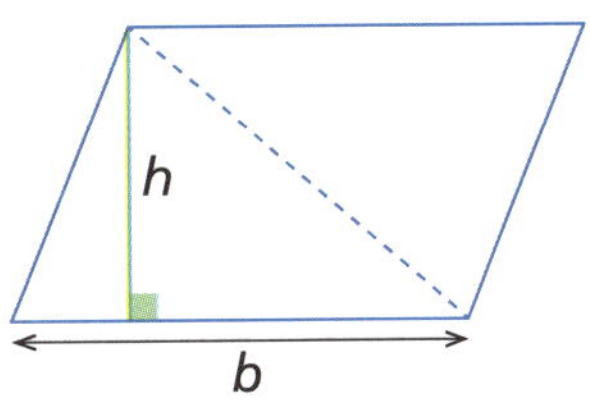

- L'aire $\mathcal{A}$ d'un triangle de base b et de hauteur h est telle que :

$$\mathcal{A} = \frac{b \times h}{2}.$$

- L'aire $\mathcal{A}$ d'un parallélogramme de base b et de hauteur h est telle que :

$$\mathcal{A} = b \times h.$$

Disque

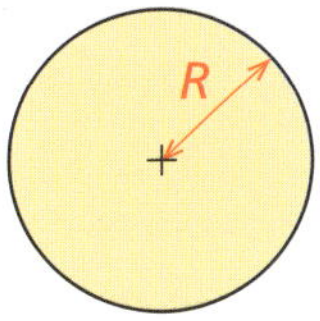

- L'aire $\mathcal{A}$ d'un disque de rayon R est telle que :

$$\mathcal{A} = \pi \times R^2.$$

2 Agrandissement et réduction

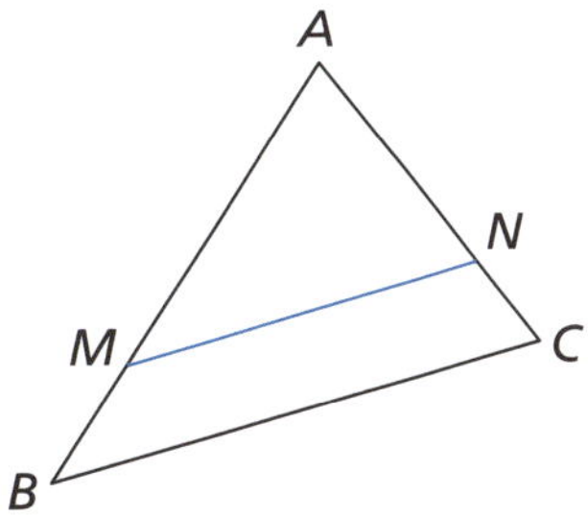

Dans un agrandissement ou une réduction, si les longueurs sont dans un rapport k, les aires sont dans un rapport k^2.

Dans une configuration de Thalès, on a un triangle ABC, $M \in [AB]$; $N \in [AC]$

et $(MN) // (BC)$; par suite $\dfrac{AM}{AB} = \dfrac{AN}{AC} = \dfrac{MN}{BC} = k$.

Le triangle AMN est une **réduction** du triangle ABC ; (le rapport k est tel que $k < 1$).

Pour les aires, on a : $\dfrac{\text{Aire } AMN}{\text{Aire } ABC} = k^2$.

ABC est un **agrandissement** de AMN ;
le rapport des longueurs est k' tel que k' est l'inverse de k.

Notes

3 Unités

▶ Les dimensions doivent être exprimées avec des unités correspondantes.

Ex. : **Des longueurs exprimées en m sont associées à une aire exprimée en m².**

▶ Les unités de longueur vont de dix en dix.

Ex. : **1 m = 10 dm ; 1 dm = 10 cm…**

▶ Les unités d'aire vont de cent en cent.

Ex. : **1 m² = 100 dm²; 1 dm² = 100 cm²…**

Je comprends comment faire

▶ Utiliser l'échelle d'un agrandissement

Soit *ABC* un triangle et [*AH*], la hauteur* issue de *A*.
BC = 4,2 cm et *AH* = 1,8 cm.

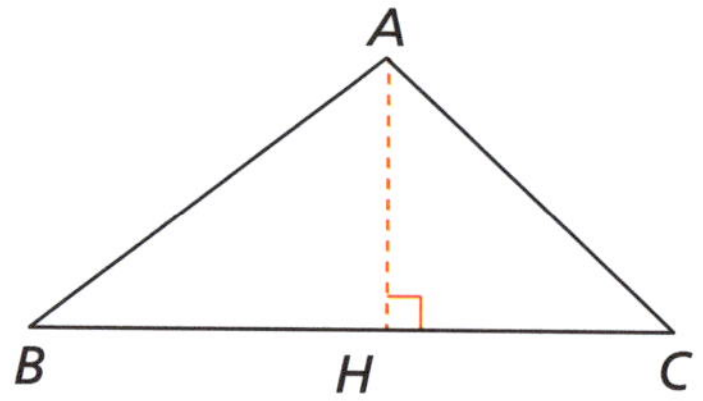

1° Calcule l'aire du triangle *ABC*.

2° Quelle est l'aire du triangle obtenu lorsqu'on agrandit le triangle *ABC* à l'échelle $\frac{3}{2}$?

1° On sait que l'aire d'un triangle est le demi-produit de la base par la hauteur associée.

$\mathcal{A}$ **= 3,78 cm²** car $\frac{4{,}2 \times 1{,}8}{2} = 3{,}78$.

2° L'échelle est $\frac{3}{2}$; toutes les longueurs sont multipliées par $\frac{3}{2}$ et l'aire est multipliée par $\left(\frac{3}{2}\right)^2$ c'est-à-dire par $\frac{9}{4}$.

Le triangle agrandi a pour aire **8,505 cm²** car $3{,}78 \times \frac{9}{4} = 8{,}505$.

Notes

Je m'entraîne

Corrigés p. 176

Brouillon

Exercice 1

Calcule l'aire d'un triangle *ABC* de hauteur* [*AH*] :

a. avec $BC = 42$ mm et $AH = 10$ mm.

....

....

b. avec $BC = AH = 12,5$ m.

....

....

c. avec $BC = 2,4$ cm et $AH = 48$ mm.

....

....

Exercice 2

Calcule l'aire d'un parallélogramme *ABCD* dans lequel [*AH*] est la hauteur* relative à [*BC*] :

a. avec $BC = 28$ mm et $AH = 20$ mm.

....

b. avec $BC = 3,2$ m et $AH = 25$ dm.

....

....

c. avec $BC = 12,8$ dm et $AH = 45$ cm.

....

....

Exercice 3

Le rond central d'un terrain de football est un disque de rayon 9,15 m (10 yards pour les anglais).

a. **Quel est son périmètre ?**

....

b. **Quelle est son aire ?**

....

....

c. On représente ce terrain à l'échelle 1/50.
Calcule l'aire du rond central sur cette représentation (résultat final en dm²).

....

Exercice 4

Dans un demi-disque de centre O et de diamètre $[AB]$, on a découpé deux demi-disques ayant pour diamètres $[AO]$ et $[OB]$.
On a : $AO = OB = 20$ mm.

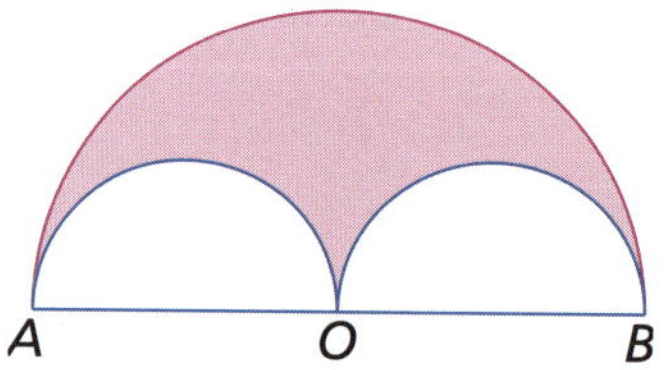

Justifie l'affirmation :
« La partie découpée a la même aire que la partie colorée. »

....

....

....

....

....

Brouill

Exercice 5

Le quadrillage est constitué de carrés juxtaposés.

Le côté d'un carré est l'unité de longueur (notée U.L.);
l'aire d'un carré est l'unité d'aire (notée U.A.).

Le quadrillage permet d'affirmer que $(AH) \perp (BC)$ et $(JL) \parallel (BC)$.

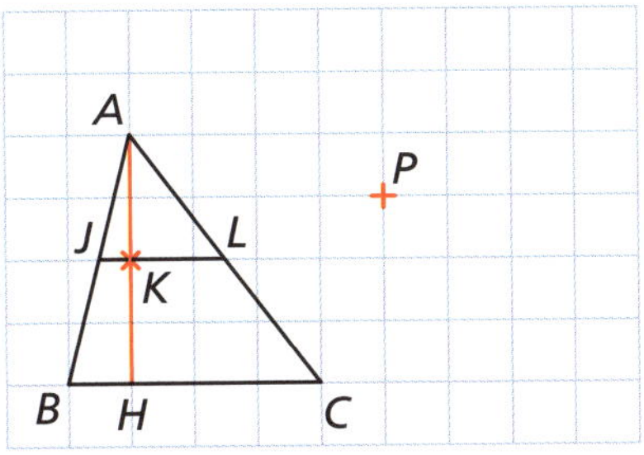

a. Calcule le périmètre *p* du triangle *ABC*.

....

....

b. Calcule l'aire $\mathscr{A}$ du triangle *ABC*.

....

....

c. Construis, sur la figure de l'énoncé, l'image du triangle *AJL* dans la translation qui amène *A* sur *P*.

On appelle *M* et *N* les images respectives de *J* et *L*.

d. Calcule l'aire $\mathscr{A}'$ du triangle *PMN*.

....

....

....

....

....

....

....

Brouillon

Corrigés des exercices

Exercice 1

a. Aire : **210 mm²** car $(42 \times 10) : 2 = 210$.
b. Aire : **78,125 m²** car :
$(12{,}5 \times 12{,}5) : 2 = 78{,}125$.

c. On exprime les deux longueurs en cm :
48 mm = 4,8 cm.
Aire : **5,76 cm²** car $(2{,}4 \times 4{,}8) : 2 = 5{,}76$.

Exercice 2

a. Aire : **560 mm²** car $28 \times 20 = 560$.
b. On exprime les deux longueurs en m :
25 dm = 2,5 m.
Aire : **8 m²** car $3{,}2 \times 2{,}5 = 8$.

c. On exprime les deux longueurs en dm :
45 cm = 4,5 dm.
Aire : **57,6 dm²** car $12{,}8 \times 4{,}5 = 57{,}6$.

Exercice 3

a. Périmètre : **environ 57,49 m** car :
$$2 \times 9{,}15 \times \pi \approx 57{,}49.$$
b. Aire : **environ 263,02 m²** car :
$$9{,}15^2 \times \pi \approx 263{,}02.$$
c. Les longueurs sont multipliées par $\frac{1}{50}$;
les aires sont multipliées par $\left(\frac{1}{50}\right)^2$.

Aire après réduction : **environ 10,52 dm²** car :
$$\pi \times 9{,}15^2 \times \frac{1}{2\,500} \approx 0{,}105209 ;$$
et $0{,}105209 \text{ m}^2 = 10{,}5209 \text{ dm}^2$ car :
$$1 \text{m}^2 = 100 \text{ dm}^2.$$

Exercice 4

Le demi-disque de diamètre [*AB*] a pour rayon 20 mm ; son aire est égale à 200π mm² car $(\pi \times 20^2) : 2 = 200\pi$.
Le demi-disque de diamètre [*AO*] a pour rayon 10 mm ; son aire est égale à 50π mm² car $(\pi \times 10^2) : 2 = 50\pi$.
L'aire de la partie découpée est égale à **100π mm²** car $2 \times 50\pi = 100\pi$.
L'aire de la partie colorée est aussi égale à **100π mm²** car $200\pi - 100\pi = 100\pi$.

Exercice 5

Le quadrillage donne : $AH = 4$; $BH = 1$; $CH = 3$.
a. Dans *ABH*, rectangle en *H*, on a :
$AB^2 = AH^2 + BH^2 = 17$; d'où : $AB = \sqrt{17}$.
Dans *ACH*, rectangle en *H*, on a :
$AC^2 = AH^2 + CH^2 = 25$; d'où : $AC = \sqrt{25} = 5$.
$p = AB + BC + AC$; $\mathbf{p = \sqrt{17} + 9}$ (unité de longueur)
b. $\mathscr{A} = \frac{BC \times AH}{2} = \mathbf{8}$ (unité d'aire).

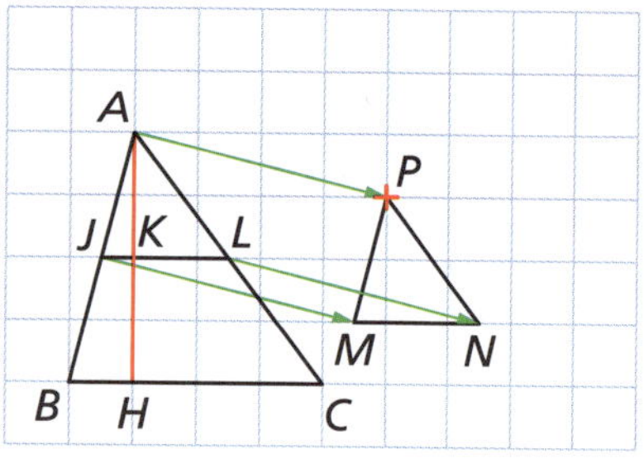

c. **Figure ci-contre** (*APMJ*, *APNL* sont des parallélogrammes).
d. **La translation conserve les distances et les aires.** L'aire du triangle PMN est la même que l'aire du triangle AJL. On sait que (JL) // (BC) ; le théorème de Thalès donne :
$\frac{AJ}{AB} = \frac{AL}{AC} = \frac{JL}{BC} = \frac{AK}{AH}$; le quadrillage donne : $\frac{AK}{AH} = \frac{2}{4} = 0{,}5$.
Par suite *AJK* est une réduction de *ABC* (rapport $k = 0{,}5$) ; le rapport des aires est $k^2 = 0{,}5^2 = 0{,}25$; d'où : **$\mathscr{A}'$ = 2 (unité d'aire)** car $\mathscr{A}' = 0{,}25 \times \mathscr{A} = 0{,}25 \times 8 = 2$.

Volumes : pyramide – cône

Je retiens le cours

1 Pyramide et cône

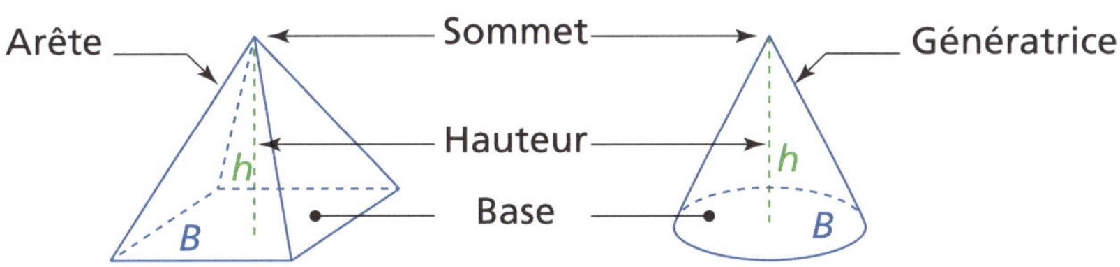

Le volume V d'une pyramide ou d'un cône de base B et de hauteur h est tel que :

$$V = \frac{B \times h}{3}.$$

Par suite, on a aussi : $B = \frac{3 \times V}{h}$ et $h = \frac{3 \times V}{b}$

2 Unités

- Les dimensions doivent être exprimées avec des unités correspondantes.

Ex. : **Des longueurs exprimées en m sont associées à une aire exprimée en m² et à un volume exprimé en m³.**

- Les unités de longueur vont de dix en dix.

Ex. : **1 m = 10 dm ; 1 dm = 10 cm ; 1 cm = 10 mm…**

- Les unités d'aire vont de cent en cent.

Ex. : **$1\ m^2 = 100\ dm^2$; $1\ dm^2 = 100\ cm^2$; $1\ cm^2 = 100\ mm^2$…**

- Les unités de volume vont de mille en mille.

Ex. : **$1\ m^3 = 1000\ dm^3$; $1\ dm^3 = 1000\ cm^3$; $1\ cm^3 = 1000\ mm^3$…**

Notes

Notes

Je comprends comment faire

Calculer des volumes

Une boîte est constituée d'un cylindre surmonté d'un cône de révolution de même diamètre que le cylindre.

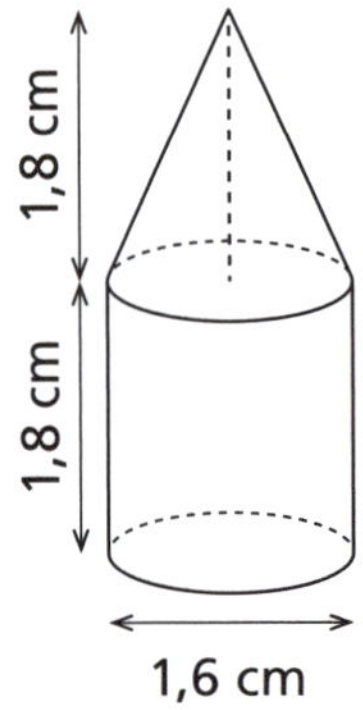

Calcule le volume total de cette boîte.

On rappelle que le volume *V* d'un cylindre de rayon *R* et de hauteur *h* est tel que $V = \pi R^2 h$.

Le volume de la boîte est égal au volume du cylindre de rayon *R* et de hauteur *h*, augmenté du volume du cône de rayon *R* et de hauteur *h*.

$$V = \pi R^2 h + \frac{1}{3}\pi R^2 h = \left(1 + \frac{1}{3}\right)\pi R^2 h = \frac{4}{3}\pi R^2 h$$

Le cylindre et le cône ont pour rayon R = 0,8 cm et pour hauteur $h = 1{,}8$ cm.

$V = 4{,}825$ cm³ car $\frac{4}{3} \times \pi \times 0{,}8^2 \times 1{,}8 = 1{,}536\,\pi$ soit environ 4,825.

Utiliser une formule

Le volume *V* d'une pyramide de base *B* et de hauteur *h* est tel que $V = \frac{B \times h}{3}$; par suite, $3 \times V = B \times h$; d'où : $B = \frac{3V}{h}$ et $h = \frac{3V}{B}$.

1° Calcule l'aire de base d'une pyramide de hauteur 4,2 m dont le volume est égal à 3,92 m³.

2° Calcule la hauteur d'une pyramide de volume 6,8 dm³ dont l'aire de base est 5,1 dm².

1° On sait que $B = \frac{3V}{h}$; avec $h = 4{,}2$ m et $V = 3{,}92$ m³.

Aire de base : $B = 2{,}8$ m² car $\frac{3 \times 3{,}92}{4{,}2} = 2{,}8$.

2° On sait que $h = \frac{3V}{B}$; avec $B = 5{,}1$ dm² et $V = 6{,}8$ dm³.

Hauteur : $h = 4$ dm car $\frac{3 \times 6{,}8}{5{,}1} = 4$.

Corrigés p. 182

Je m'entraîne

Brouillon

Exercice 1

Calcule mentalement.

a. Le volume V d'un cylindre de base 314 mm^2 et de hauteur 10 mm est tel que :

$V =$ ....

b. Le volume V d'une pyramide de base 4 m^2 et de hauteur 6 m est tel que :

$V =$ ....

c. Le volume V d'un cône de base 2,5 cm^2 et de hauteur 12 cm est tel que :

$V =$ ....

Exercice 2

Calcule mentalement.

a. La hauteur d'une pyramide de volume 6 m^3 et de base 9 m^2.

....

b. La hauteur d'un cône de volume 10 dm^3 et de base 10 dm^2.

....

c. L'aire de base d'une pyramide de volume 8 cm^3 et de hauteur 4 cm.

....

d. L'aire de base d'un cône de volume 4 mm^3 et de hauteur 2 mm.

....

Brouillon

Exercice 3

La pyramide *SABC* a pour sommet *S* et pour base un triangle *ABC* rectangle en *A*. L'arête *SA* est la hauteur de la pyramide.

Un plan parallèle au plan de la base coupe les trois faces et on a : $(A'B') \parallel (AB)$; $(A'C') \parallel (AC)$; $(B'C') \parallel (BC)$.

La pyramide *SA'B'C'* est une réduction de la pyramide *SABC*.

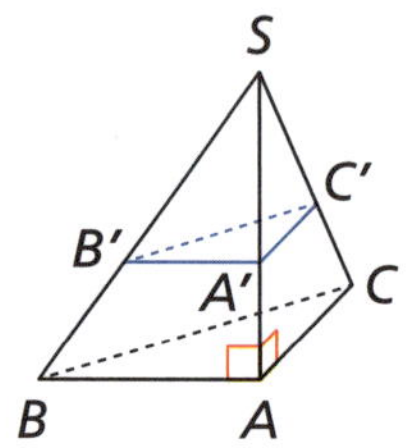

a. On sait que $AB = 2{,}4$ cm, $AC = 2{,}7$ cm et $SA = 3{,}3$ cm.

Calcule le volume de la pyramide *SABC*.

....

b. On sait que $\dfrac{SA'}{SA} = \dfrac{2}{3}$. **Calcule *SA'*, *A'B'* et *A'C'*.**

....

....

....

c. On admet que le triangle *A'B'C'* est rectangle en *A'*.

Calcule l'aire du triangle *A'B'C'*, puis le volume de la pyramide *SA'B'C'*.

....

....

d. **Lorsque le rapport de réduction est égal à *k*, le rapport des aires est égal à k^2 et le rapport des volumes est égal à k^3.**

Cet exemple est en accord avec cette affirmation.

Vrai ☐ Faux ☐

Brouillon

Exercice 4

Un panier à la forme d'un tronc de cône dont les bases (disque $\mathscr{D}$ de centre O et disque $\mathscr{D}'$ de centre O') sont dans des plans parallèles.

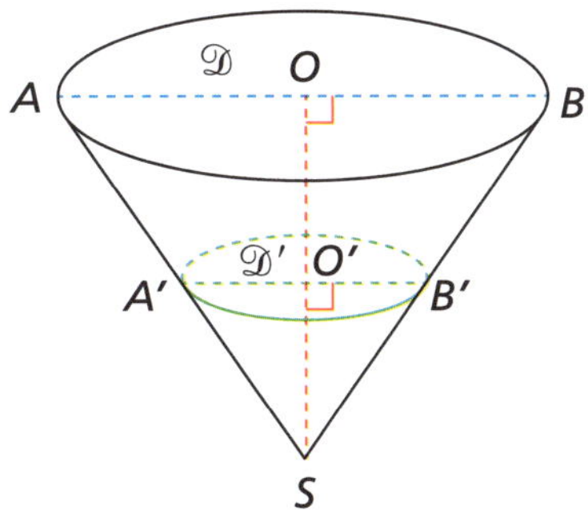

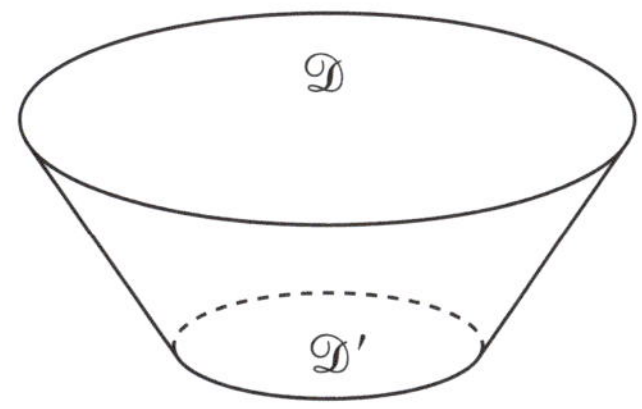

Tronc de cône

a. Le cône de sommet S a pour base le disque $\mathscr{D}$ de diamètre $[AB]$ et pour hauteur $[SO]$. On a : $AB = 40$ cm et $SO = 30$ cm.
Calcule l'aire B du disque $\mathscr{D}$, puis le volume V de ce cône.

....

b. Le cône de sommet S ayant pour base le disque $\mathscr{D}$ est coupé par un plan parallèle au plan de la base. Les points S, A, B, A' et B' sont dans un même plan ; on a : $(A'B') // (AB)$.
On sait que : $\dfrac{SO'}{SO} = \dfrac{1}{2}$.
Calcule $O'A'$, l'aire B' du disque $\mathscr{D}'$, puis le volume V' du cône de sommet S ayant pour base le disque $\mathscr{D}'$.

....

....

c. Le cône de sommet S ayant pour base le disque $\mathscr{D}'$ est une réduction du cône de sommet S ayant pour base le disque $\mathscr{D}$.
Lorsque le rapport de réduction est égal à k, le rapport des aires est égal à k^2 et le rapport des volumes est égal à k^3.
Cet exemple est en accord avec cette affirmation. Vrai ☐ Faux ☐

d. **Calcule le volume du tronc de cône ayant pour bases $\mathscr{D}$ et $\mathscr{D}'$.**

....

....

Corrigés des exercices

Exercice 1

a. $\boldsymbol{V = 3\,140}$ **mm³** car $314 \times 10 = 3\,140$.

b. $\boldsymbol{V = 8}$ **m³** car $\dfrac{4 \times 6}{3} = 4 \times 2 = 8$.

c. $\boldsymbol{V = 10}$ **cm³** car $\dfrac{2{,}5 \times 12}{3} = 2{,}5 \times 4 = 10$.

Exercice 2

a. $h = \dfrac{3V}{B}$; $\boldsymbol{h = 2}$ **m** car $\dfrac{3 \times 6}{9} = 2$.

b. $h = \dfrac{3V}{B}$; $\boldsymbol{h = 3}$ **dm** car $\dfrac{3 \times 10}{10} = 3$.

c. $B = \dfrac{3V}{h}$; $\boldsymbol{B = 6}$ **cm²** car $\dfrac{3 \times 8}{4} = 6$.

d. $B = \dfrac{3V}{h}$; $\boldsymbol{B = 6}$ **mm²** car $\dfrac{3 \times 4}{2} = 6$.

Exercice 3

a. **B = 3,24 cm²** car $\dfrac{2{,}4 \times 2{,}7}{2} = 3{,}24$. **V = 3,564 cm³** car $\dfrac{3{,}24 \times 3{,}3}{3} = 3{,}564$.

b. On sait que $(A'B') \parallel (AB)$; le théorème de Thalès appliqué au triangle SAB donne :
$\dfrac{SA'}{SA} = \dfrac{SB'}{SB} = \dfrac{A'B'}{AB} = \dfrac{2}{3}$; d'où : $\boldsymbol{SA'} = \dfrac{2}{3} SA = \mathbf{2{,}2}$ **cm** ; $\boldsymbol{A'B'} = \dfrac{2}{3} AB = \mathbf{1{,}6}$ **cm.**
Dans SAC avec $(A'C') \parallel (AC)$ on a : $\dfrac{A'C'}{AC} = \dfrac{2}{3}$ **et** $\boldsymbol{A'C'} = \dfrac{2}{3} AC = \mathbf{1{,}8}$ **cm.**

c. **L'aire de *A'B'C'* est égale à 1,44 cm²** car $\dfrac{1{,}6 \times 1{,}8}{2} = 1{,}44$.

V' = 1,056 cm³ car $\dfrac{1{,}44 \times 2{,}2}{3} = 1{,}056$.

d. **VRAI** car $B \times \left(\dfrac{2}{3}\right)^2 = 3{,}24 \times \dfrac{4}{9} = 1{,}44$ et $V \times \left(\dfrac{2}{3}\right)^3 = 3{,}564 \times \dfrac{8}{27} = 1{,}056$.

Exercice 4

a. $\boldsymbol{B = 400\,\pi}$ **cm²** car $\pi \times 20^2 = 400\pi$; $\boldsymbol{V = 4\,000\,\pi}$ **cm³** car $\dfrac{400\pi \times 30}{3} = 4\,000\,\pi$.

b. Le théorème de Thalès appliqué au triangle SOA, avec $(O'A') \parallel (OA)$ donne :
$\dfrac{O'A'}{OA} = \dfrac{SO'}{SO} = \dfrac{1}{2}$; d'où : $O'A' = 10$ cm et $SO' = 15$ cm.
$\boldsymbol{B'} = 100\,\pi$ cm² car $\pi \times 10^2 = 100\,\pi$; $\boldsymbol{V' = 500\,\pi}$ **cm³** car $\dfrac{100\pi \times 15}{3} = 500\,\pi$.

c. **VRAI** car $B \times \left(\dfrac{1}{2}\right)^2 = 400\,\pi \times \dfrac{1}{4} = 100\,\pi = B'$; $V \times \left(\dfrac{1}{2}\right)^3 = 4\,000\,\pi \times \dfrac{1}{8} = 500\,\pi = V'$.

d. $4\,000\pi - 500\pi = 3\,500\,\pi$.
Volume du tronc de cône : 3500 π cm³ soit environ 11 000 cm³ ou 11 dm³ ou 11 L.

Vitesse moyenne Débit moyen

Notes

Je retiens le cours

1 Vitesse moyenne

▶ Lorsqu'un mouvement n'est pas **uniforme**, la distance parcourue n'est pas proportionnelle à la durée du parcours, mais on peut considérer que la distance parcourue d et la durée du parcours t sont reliées par la formule $d = vt$ dans laquelle v désigne la vitesse moyenne.

▶ Cela revient à modéliser la situation en remplaçant le mouvement réel par un mouvement uniforme (distance proportionnelle à la durée).

▶ La formule $d = vt$ peut aussi s'écrire :

- $v = \dfrac{d}{t}$ (pour calculer la vitesse moyenne) ;
- $t = \dfrac{d}{v}$ (pour calculer la durée du parcours).

▶ Il faut exprimer les grandeurs en **unités correspondantes** :

- si d est en km et t en h, alors v est en km/h ;
- si d est en m et t en s, alors v est en m/s.

2 Débit moyen

Lorsqu'un fluide s'écoule de façon uniforme, le débit est la quantité de ce fluide qui s'écoule par unité de durée.

Ex. : **Un canon à neige a un débit moyen de 4 m³ par seconde (4 m³/s).
On peut modéliser la situation en considérant que le volume produit est proportionnel à la durée de production.
Cela permet de calculer le volume de neige produit en 15 min (on trouve 3600 m³ car 15 min = 900 s et $900 \times 4 = 3600$).
On peut calculer la durée nécessaire pour fabriquer 10000 m³ de neige (41 min 40 s car 10000 : 4 = 2500 et 2500 s = 41 min 40 s).**

Je comprends comment faire

Utiliser les formules liant distance, durée et vitesse

1° Lors d'une compétition, un skieur a parcouru les 3000 m d'une descente en 2 min.
Calcule sa vitesse moyenne (en m/s, puis en km/h).

2° Lors d'une course cycliste, un champion a parcouru 45 km à la vitesse moyenne de 50 km/h.
Calcule la durée du trajet (en heures, puis en minutes).

3° Lors d'une course pédestre, une championne a couru pendant 1 h 20 min à la vitesse moyenne de 300 m/min.
Calcule la distance parcourue (en m, puis en km).

1° On utilise la formule $v = d/t$.

2 min = 120 s donc $v = 25$ m/s car 3000 : 120 = 25.

1 h = 3600 s; parcourir 25 m en 1 s, c'est 90000 m en 3600 s car 25 × 3600 = 90000.

90000 m = 90 km, donc $v = 90$ km/h.

Sa vitesse moyenne est de 25 m/s ou 90 km/h.

2° On utilise la formule $t = d/v$.

$t = 0{,}9$ h car 45 : 50 = 0,9.

Il a roulé pendant 0,9 h, soit 54 min car 0,9 × 60 = 54.

3° On utilise la formule $d = vt$.

1 h 20 min = 80 min donc $d = 300 \times 80 = 24000$.

Elle a parcouru 24000 m, soit 24 km.

Utiliser la formule donnant le débit

Une motopompe débite 150 L d'eau par minute.

1° Combien de litres d'eau débite-t-elle en une seconde, en une heure ?

2° Combien de temps met-elle pour vider entièrement un bassin parallélépipédique de 5 m de long, 4,5 m de large et 2 m de profondeur ?

1° **Elle débite 2,5 L/s, soit 9000 L/h**
car 150 : 60 = 2,5 et 150 × 60 = 9000.

2° Le bassin a une capacité de 45 m^3, soit 45000 L
car 5 × 4,5 × 2 = 45 et 45 m^3 = 45000 dm^3, soit 45000 L.

Elle met 5 h pour vider ce bassin car 45000 : 9000 = 5.

Notes

Corrigés p. 188

Je m'entraîne

Brouillon

Exercice 1

Dans chacun des cas suivants, calcule la vitesse moyenne.

a. Un autobus parcourt 150 km en 1 h 50 min.

....

v = ... km/min ; v = ... km/h.

b. Un coureur de fond parcourt 5 000 m en 13 min.

....

v = ... m/min ; v = ... km/h.

c. Un sprinter parcourt 200 m en 20 s.

....

v = ... m/s ; v = ... km/h.

Exercice 2

Une imprimante imprime une page contenant 4 920 caractères en 40 s.

a. **Combien imprime-t-elle de caractères :**

– en 1 s ? ....

– en 1 min ? ....

b. **Combien de temps met-elle pour imprimer 10 000 caractères ?**

....

c. Une cartouche de 5,2 mL d'encre coûte 13 €.
À combien revient 1 L de cette encre ?

....

Exercice 3

a. Un véhicule roule pendant 1 h 30 min à la vitesse moyenne de 100 km/h, puis roule pendant 1 h 30 min à la vitesse moyenne de 60 km/h.

Calcule sa vitesse moyenne *V* sur ce trajet.

....

....

....

....

....

b. Un véhicule parcourt les 90 km séparant deux villes à la vitesse moyenne de 100 km/h, puis revient à son point de départ à la vitesse moyenne de 60 km/h.

Calcule sa vitesse moyenne *V* sur ce trajet.

....

....

....

....

....

c. Dans l'une des deux situations, la vitesse moyenne *V* est la moyenne (demi-somme) des vitesses sur chaque portion du trajet.

Indique laquelle.

....

....

....

....

Brouillon

Brouillon

Exercice 4

200 équipes d'étudiants européens ont participé à un défi : parcourir avec un véhicule à moteur dix tours de 1,6 km chacun en moins de 39 min en consommant le moins de carburant possible.

a. **Quelle est la vitesse moyenne minimale imposée ?**

....

....

b. Une équipe a effectué le parcours en 32 min.

Quelle est la vitesse moyenne de ce véhicule ?

....

....

c. Un journal affirme que l'un des concurrents aurait pu parcourir environ 2 300 km avec 1 L d'essence.

Combien a-t-il consommé pour parcourir les 16 km imposés ?

....

....

....

....

Corrigés des exercices

Exercice 1

a. 1 h 50 min = 110 min; 150 : 110 ≈ 1,364.
La vitesse de l'autobus est d'environ **1,364 km/min**, soit **81,8 km/h** car (150 : 110) × 60 ≈ 81,8.
b. 5000 : 13 ≈ 384,6. La vitesse du coureur est environ **384,6 m/min**, soit environ **23 km/h** car 5000 m = 5 km et (5 : 13) × 60 ≈ 23,1.
c. 200 : 20 = 10. La vitesse du sprinter est **10 m/s**, soit **36 km/h** car (10 × 3600) : 1000 = 36.

Exercice 2

a. Elle imprime **123 caractères en 1 s** et **7380 caractères en une minute** car 4920 : 40 = 123 et 123 × 60 = 7380.
b. 10000 : 123 ≈ 81,3. Elle met **81 s et 3 dixièmes** pour imprimer 10000 caractères.
c. 1 mL coûte 2,5 € car 13 : 5,2 = 2,5. **1 L revient à 2500 €** car 2,5 × 1000 = 2500.

Exercice 3

a. En 1 h 30 min (soit 1,5 h) à 100 km/h, il parcourt 150 km (car 100 × 1,5 = 150).
En 1 h 30 min à 60 km/h, il parcourt 90 km (car 60 × 1,5 = 90).
1 h 30 min + 1 h 30 min = 3 h; 150 km + 90 km = 240 km.
Il a parcouru 240 km en 3 h, soit une **vitesse moyenne de 80 km/h** car 240 : 3 = 80.
b. Pour parcourir 90 km à la vitesse moyenne de 100 km/h, il met 0,9 h, soit 54 min car 90 : 100 = 0,9 et 0,9 × 60 = 54.
Pour parcourir 90 km à la vitesse moyenne de 60 km/h, il met 1 h 30 min, soit 90 min car 90 : 60 = 1,5 et 1,5 h = 90 min.
Il a parcouru 180 km en 144 min, soit une **vitesse moyenne de 1,25 km/min ou 75 km/h** car 180 : 144 = 1,25 et 1,25 × 60 = 75.
c. La moyenne des vitesses est **80 km/h** car $\frac{100 + 60}{2} = 80$.
Dans le premier cas, la vitesse moyenne est 80 km/h.
Dans le premier cas, la vitesse moyenne est égale à la moyenne des vitesses sur chaque portion du trajet.

Exercice 4

a. La vitesse moyenne minimale est égale à **environ 24,6 km/h** car 1,6 × 10 = 16; 16 : 39 ≈ 0,410 et 0,410 × 60 = 24,6.
b. La vitesse de ce véhicule est égale à **30 km/h** car 16 : 32 = 0,5 et 0,5 × 60 = 30.
c. 1 L pour 2300 km, c'est $\frac{1}{2300}$ L pour 1 km et $\frac{1}{2300}$ L × 16 pour 16 km,
soit une **consommation d'environ 0,007 L (7 mL)**.

Index – Lexique

A

Abscisse : sur une droite graduée, un point est repéré par un nombre relatif qui est son abscisse. Dans un plan muni d'un repère, un point est repéré par un couple de nombres ; le premier est l'abscisse du point, le second est l'ordonnée.

Aires (formulaire) :

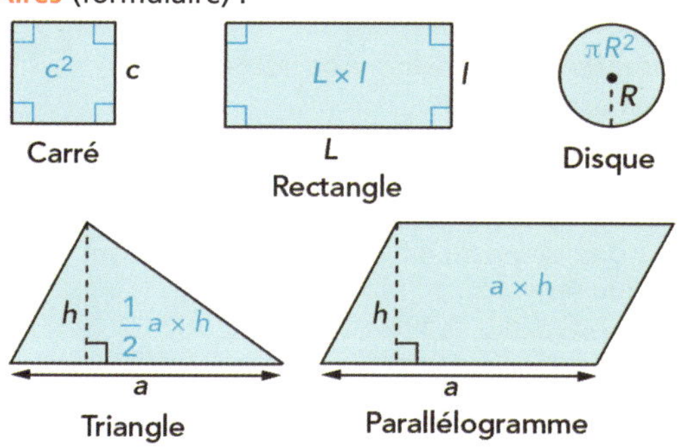

Alignés (points) : des points appartenant à une même droite sont alignés.

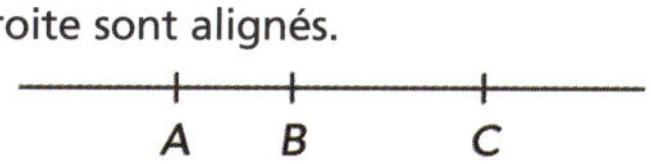

On a $\widehat{ABC} = 180°$ et $AC = AB + BC$

Angle au centre : angle dont le sommet est au centre d'un cercle.

Angle obtus : angle compris entre 90° et 180°.

Angles complémentaires : deux angles dont la somme est 90° sont complémentaires.

Ex : les angles aigus d'un triangle rectangle sont complémentaires.

Approximations décimales :

Ex : pour le nombre 3,1415…, on a :

	approximations décimales	
	par défaut	par excès
à 1 près	3	4
à 0,1 près	3,1	3,2
à 0,01 près	3,14	3,15
à 0,001 près	3,141	3,142

Arrondir :

- Pour arrondir à l'unité, on regarde le chiffre des dixièmes.
Si c'est 0 ; 1 ; 2 ; 3 ou 4, l'arrondi est l'approximation par défaut à 1 près.
Si c'est 5 ; 6 ; 7 ; 8 ou 9, l'arrondi est l'approximation par excès à 1 près.
- Pour arrondir au dixième, on regarde le chiffre des centièmes.
- Pour arrondir au centième, on regarde le chiffre des millièmes.

Axe de symétrie : lorsque la symétrique d'une figure par rapport à une droite D est confondue avec cette figure, on dit que la droite D est un axe de symétrie de cette figure.

Ex : La médiatrice de la base d'un triangle isocèle est l'axe de symétrie de ce triangle.

B

Bissectrice d'un angle : demi-droite issue du sommet qui partage l'angle en deux angles égaux.

C

Carré : un quadrilatère qui est à la fois un rectangle et un losange est un carré.

Centre de symétrie : lorsque la symétrique d'une figure par rapport à un point *O* est confondue avec cette figure, on dit que *O* est centre de symétrie de cette figure.

Ex : le point d'intersection des diagonales d'un parallélogramme est centre de symétrie du parallélogramme.

Centre d'un cercle : point situé à égale distance de tous les points du cercle.

Centre d'un disque : le centre d'un disque est le centre du cercle qui borde ce disque.

Centre d'un parallélogramme : les diagonales d'un parallélogramme se coupent en leur milieu. Ce point est le centre (de symétrie) du parallélogramme.

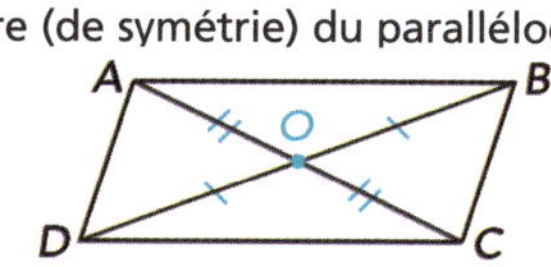

Cercle circonscrit (triangle): le cercle circonscrit à un triangle passe par les trois sommets du triangle. Son centre est le point d'intersection des médiatrices des côtés du triangle.

Cercle circonscrit (rectangle): le cercle circonscrit à un rectangle passe par les quatre sommets du rectangle. Son centre est le point d'intersection des diagonales du rectangle.

Coefficient (de proportionnalité) 93

Comparaison des nombres relatifs 49

Comparaison des quotients 50

Cône de révolution 157, 177

Convexe (quadrilatère): un quadrilatère est convexe si pour chacun de ses côtés il est tout entier situé dans un demi-plan ayant pour frontière ce côté.

Coordonnées d'un point: dans un repère du plan, un point est repéré par un couple de coordonnées; le premier nombre est l'abscisse du point, le second est l'ordonnée.

Corde d'un cercle: un segment joignant deux points d'un cercle est une corde de ce cercle. Une corde qui contient le centre du cercle est appelée diamètre.
[*AB*] et [*CD*] sont des cordes. [*CD*] est un diamètre.

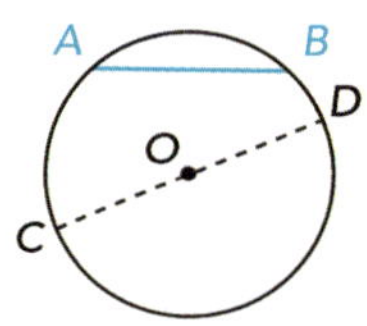

Cosinus 145

Critères de divisibilité 13, 15

Cube: Pavé droit dont les six faces sont des carrés.

D

Débit 183

Décomposition (facteurs premiers) 13

Dénominateur 31

Dénominateur commun 43

Développer 73

Diamètre: corde passant par le centre du cercle. Le mot diamètre désigne aussi une longueur égale à deux fois le rayon.

Différence (de deux nombres) 20, 43

Distributivité 67

Divisibilité 13

Division de quotients 37

Droite graduée 49

Droites concourantes: si des droites ont un point commun, on dit qu'elles sont concourantes en ce point.
Ex.: les médiatrices d'un triangle sont concourantes (*voir* Cercle circonscrit).

Droites parallèles: deux droites qui ne sont pas sécantes sont parallèles. Elles ont soit aucun point commun (droites disjointes), soit tous leurs points communs (droites confondues).

Droites perpendiculaires: deux droites qui se coupent en faisant un angle droit, sont perpendiculaires (les quatre angles sont droits).

Droites sécantes: deux droites qui ont un seul point commun sont sécantes.

E

Échelle 99

Écriture fractionnaire 31, 37

Écriture scientifique 55

Égalité de Pythagore 139

Égalité des produits en croix 32

Égalité des triangles (cas) 127

Encadrement (puissances de 10) 56

Équation 31, 43, 85

Équidistant (point): équidistant signifie «à égale distance».
Ex.: tout point situé sur la médiatrice d'un segment est équidistant des extrémités du segment.

Équiprobabilité 117

Événement (probabilité) 118

Expérience aléatoire 117

Exposant (puissance) 55, 73

Expression littérale 61, 67, 73, 79

F

Facteur commun 74

Facteurs premiers 13

Factoriser 67, 74

Fonction (en fonction de) 105

Formule (tableur) 23, 29

Fraction: écriture du quotient d'un entier naturel par un entier naturel (non nul).
Ex.: La fraction $\frac{2}{3}$ est une écriture du quotient de l'entier 2 (numérateur) par l'entier 3 (dénominateur).

Fréquence 117

G H

Génératrice d'un cône 157

Graphique (proportionnalité) 93

Hauteur d'un cône 157, 177

Hauteur d'une pyramide 157, 177

Hauteur d'un triangle: une hauteur d'un triangle est une droite passant par un sommet et perpendiculaire au support du côté opposé.
Le mot hauteur désigne aussi un segment (du sommet au côté opposé) et sa longueur.

Hypoténuse: dans un triangle rectangle, le côté opposé à l'angle droit est appelé hypoténuse.
[*BC*] est l'hypoténuse du triangle *ABC* rectangle en *A*.

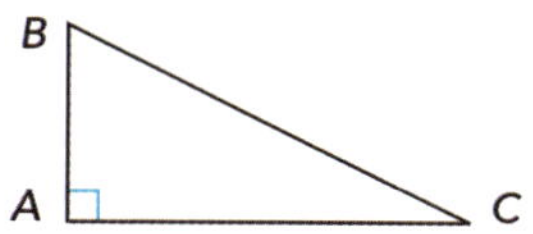

I

Inégalité triangulaire 128

Inégalités 50

Inverses d'un nombre 37

Irréductible (fraction): fraction qui ne peut pas être simplifiée.
Ex.: 6/13 est irréductible car il n'y a aucune table de multiplication (autre que la table de 1) contenant à la fois 6 et 13.

Issue (probabilité) 117

L

Losange: un quadrilatère qui a quatre côtés de même longueur est un losange.

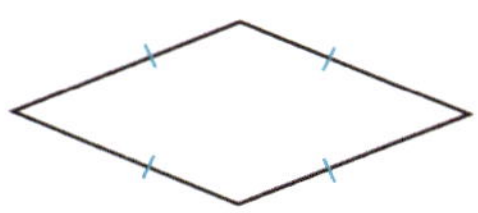

M

Médiane (statistique) 111

Médiane (triangle): une médiane est un segment qui joint un sommet au milieu du côté opposé

Médiatrice d'un segment: la médiatrice d'un segment est la droite perpendiculaire au segment en son milieu.

Milieu d'un segment: le milieu d'un segment [*AB*] est le point *M* du segment tel que *MA* = *MB*.

Mise en équation 85, 86

Moyenne (statistique) 111

Multiple commun à deux nombres: 24 est un multiple de 6 (c'est 6 × 4), c'est aussi un multiple de 8 (c'est 8 × 3), 24 est un multiple commun de 6 et 8.

Multiplication des décimaux relatifs 25

Multiplication des quotients 37

N

Nombres inverses 37

Nombres opposés 19

Nombres premiers 13

Notation scientifique 55

Numérateur 31

O

Opposé d'une somme 61

Opposés d'un nombre 19

Ordonnée: *voir* Coordonnées.

Ordre croissant: rangement du plus petit au plus grand.
Ex.: – 7 < – 2 < 0 < + 5 < + 23.

Ordre décroissant: rangement du plus grand au plus petit.
Ex.: + 19 > + 8 > 0 > – 1 > – 13.

P

Parallèles (droites): deux droites qui ne sont pas sécantes sont parallèles.

Parallélogramme 151

Partage proportionnel 99

Perpendiculaire: *voir* Droites perpendiculaires.

Points diamétralement opposés: les deux extrémités d'un diamètre sont des points diamétralement opposés.

Pourcentage 99
- Appliquer un pourcentage. Prendre 5 % d'une quantité, c'est la multiplier par 5/100 ou 0,05.
- Calculer un pourcentage. Dans un classe de 32 élèves, il y a 20 filles. Le pourcentage des filles est 62,5 % car on a:

total	32	100
filles	20	*t*

$\times \frac{20}{32}$

D'où 32*t* = 2000 et *t* = 62,5.

Premier (nombre) 13

Priorités opératoires: dans une suite de calculs ne contenant pas de parenthèses, on effectue d'abord les puissances, puis les multiplications et les divisions, puis les additions et les soustractions.

Probabilité 117

Produit de deux nombres 25, 37

Produit d'une somme par un nombre 67, 73

Produits en croix (égalité) 32

Programme de calcul 68, 79

Proportionnalité 93

Propriété caractéristique (proportionnalité) 93

Protocole de construction: suite de constructions élémentaires à effectuer dans un ordre précis pour reproduire une figure.

Q

Quadrilatère convexe : un quadrilatère est convexe si pour chacun de ses côtés il est tout entier situé dans un demi-plan ayant pour frontière ce côté.

R

Rationnel : un nombre rationnel est le quotient d'un entier relatif par un entier relatif non nul.

Rayon : segment qui joint le centre d'un cercle à un point de ce cercle.
Le rayon est la longueur commune à tous les rayons d'un cercle.

Rectangle : un quadrilatère qui a trois angles droits est un rectangle. Le quatrième angle est aussi droit.

S

Signes d'inégalité : on emploie quatre signes d'inégalité : $a < b$ (strictement inférieur) ; $a > b$ (strictement supérieur) ; $a \leqslant b$ (inférieur ou égal) ; $a \geqslant b$ (supérieur ou égal) 91

Symétrique par rapport à une droite : A' est le symétrique de A par rapport à la droite Δ signifie que Δ est la médiatrice du segment $[AA']$.

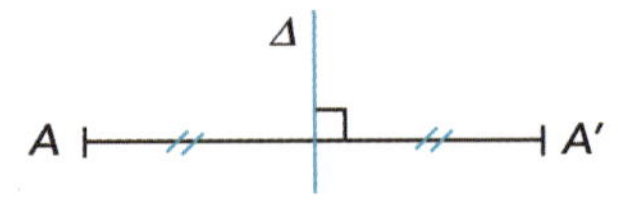

Symétrique par rapport à un point : A' est le symétrique de A par rapport au point M signifie que M est le milieu du segment $[AA']$.

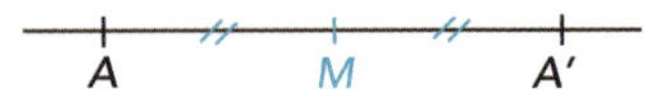

T

Triangle équilatéral : un triangle qui a trois côtés de même longueur est un triangle équilatéral.

Triangle isocèle : un triangle qui a deux côtés de même longueur est un triangle isocèle. Le troisième côté est la base ; le sommet opposé à la base est le sommet principal.

Triangle rectangle : un triangle qui a un angle droit est un triangle rectangle ; le côté opposé à l'angle droit est l'hypoténuse.

U V

Volume du cylindre : $V = \pi R^2 h$ (R est le rayon et h la hauteur) 177

Volume du parallélépipède rectangle : le volume V d'un parallélépipède rectangle de dimensions a, b et c est donné par la formule :

$$V = abc.$$

Achevé d'imprimer en décembre 2021 en Espagne par Macrolibros - Dépôt légal : Janvier 2019 - Édition 04
73/1599/1